命万象

——生命全景探秘

文旭先 主编

成都地图出版社
CHENGDU DITU CHUBANSHE

图书在版编目（CIP）数据

生命万象：生命全景探秘 / 文旭先主编 . -- 成都：
成都地图出版社有限公司 , 2025. 6. -- ISBN 978-7-
5557-2803-0

Ⅰ. Q-49

中国国家版本馆 CIP 数据核字第 2025N893F2 号

生命万象——生命全景探秘

SHENGMING WANXIANG——SHENGMING QUANJING TANMI

主　　编：文旭先

责任编辑：高　利

封面设计：李　超

出版发行：成都地图出版社有限公司

地　　址：四川省成都市龙泉驿区建设路 2 号

邮政编码：610100

印　　刷：三河市人民印务有限公司

（如发现印装质量问题，影响阅读，请与印刷厂商联系调换）

开　　本：710mm×1000mm　1/16

印　　张：10　　　　　　　字　　数：140 千字

版　　次：2025 年 6 月第 1 版

印　　次：2025 年 6 月第 1 次印刷

书　　号：ISBN 978-7-5557-2803-0

定　　价：49.80 元

生物世界丰富多彩、五花八门、琳琅满目。神奇的昆虫世界、多姿的动植物世界、绚丽的水下生物世界，让你目不暇接，惊叹不已……

地球上到处充满着生命，展示着生物世界的丰富多彩。世界上最强的生物、最怪的生物、最大的生物、最毒的生物、会说话的生物、会跳舞蹈的生物等，都让你感到生物世界的无比神奇……

那么世界上到底有多少种生物呢？目前而言，地球上已经被定义、命名的生物约有 200 万种。地球有生物以来，已经经历了至少 38 亿年，根据许多生物分类学者及其他相关的学者推断，在这漫长的岁月里，以最保守的估计，有超过现存物种数十倍以上的物种灭绝了。换句话说，便是地球上已经绝种的生物在 1 亿种以上，其中包括了多数的古生菌类、原生生物类、低等无脊椎动物类及低等无维管束植物类等。总的来说，地球上约有 200 万种已被命名的生物、约 1 000 万种未被命名的生物，以及约 1 亿种已经埋没于历史长河中的生物。

生物世界及其生命特征是丰富多彩的，有非常小的病毒；也有重达 180 吨的蓝鲸；有慢性子的蜗牛，也有每小时能奔跑 90 千米的猎豹；有长寿的动植物，也有转瞬即逝的动植物……这些都说明大自然中每一样生命都是独特的、不可替代的。

本书不是要包罗万象地详细列举生物世界的每一物种及

其生命形态，而是从生物分类角度典型地介绍生物世界的多样性与神秘性。生物世界是一个绚丽多彩、奥妙无穷的世界，这一世界里有各种各样的生物，有我们所熟悉的，也有我们所不了解的。本书将图文并茂地带你闯入丰富的生物世界，尽享生物王国的知识大餐。

丰富多彩的水下生物

探秘动物世界 →→

TANMI DONGWU SHIJIE

　　动物是自然界中生物的一大类，与植物、微生物不同。动物一般不能将无机物合成为有机物，只能以有机物（植物、动物或微生物）为食料，因此具有与植物不同的形态结构和生理功能，以进行摄食、消化、吸收、呼吸、循环、排泄、感觉、运动和繁殖等生命活动。根据动物的生存状态，可将它们分为水生动物和陆生动物。另外，还有些动物能够同时适应陆生和水生生活，因此我们称之为两栖动物。这些动物共同构成了一个神奇的动物世界。

陆生动物

典型的爬行动物 ||||

→ 飞 蜥

　　飞蜥主要分布在南亚及东南亚、大洋洲。它们的身体细长，尾巴长度几乎和躯体相等，样子有点像壁虎，只有手掌那么大。有趣的是，这种飞蜥身上左右各长有一块皮膜，当这褶叠式的皮膜张开

▲ 飞　蜥

时，简直就像飞鸟的翅膀，飞蜥就凭借这对"翅膀"在树林中自由自在地飞翔。飞蜥从树上起跳，可以滑翔约50米，它们平稳地落到另一棵树上时，"翅膀"便一下子消失了，就像从未出现过一样。原来，它们的"翅膀"是有弹性的，并固定在肋骨上，当肋骨合拢时，"翅膀"就会收起来，看起来就像消失了。

飞蜥大部分时间栖息于树干上，身上的皮肤与树枝同色，所以昆虫不易发现它们。一旦昆虫从它们旁边飞过时，飞蜥便张开皮膜，疾驰上去吃掉它们，整个动作干脆、利索。

➡ 鳄　蜥

鳄蜥又叫雷公蜥，它们的头和体形很像蜥蜴，颈部以下的部分，尤其是尾巴极像鳄鱼，因此名叫鳄蜥。瑶山鳄蜥是我国的特产动物和一级保护动物，主要生活在广西大瑶山区。鳄蜥和新西兰的楔齿蜥一样，也是古老而珍贵的动物。

▲ 古老的珍贵动物鳄蜥

鳄蜥体长约 15～30 厘米，四肢发达，爪子锐利。它们的背是褐色的，腹部是黄白色的。它们喜欢吃蝗虫、蝌蚪和小鱼。鳄蜥的看家本领是"装死"，这是它们重要的护身法宝。因为它们体小力微，行动又不灵活，遇到稍微厉害一点的动物就难以应付。于是，当别的动物抓到它们时，鳄蜥就装死，不论怎么拨弄它们，它们都纹丝不动，来犯者常常以为这不过是尸体，待来犯者稍一疏忽，鳄蜥便逃之夭夭。鳄蜥的装死本领使它们一直生存到今天。

→ 楔齿蜥

楔齿蜥又叫喙头蜥，是新西兰特有的古老爬行动物。它们的模样有点像蜥蜴，又有点像鳄，乍一看，它们的嘴巴像鸟喙，所以人们又叫它们喙头蜥。楔齿蜥的身上是淡棕绿色的，鳞片上有小黄点。它们的躯体长 30~60 厘米，嘴里长着小锯齿一样的小牙，背上有一列锯齿样的东西，从脖子一直延伸到尾巴。楔齿蜥能活 100 岁左右，可以称得上是"寿星"了。

楔齿蜥曾在三叠纪和侏罗纪时就广泛分布于全世界，其古老的程度大大超过中生代的恐龙。它们的主要特点表现在：具有犁骨齿，雄蜥没有外生殖器官，头顶上有"颅顶眼"。从构造看，虽然这只眼保存了角膜、水晶体和视网膜，但只能接受光的刺激，不能当作视觉器官使用，已经退化了。

楔齿蜥的另一个奇特之处是，幼蜥要经过 15 个月才能孵化出来，时间之长是所有卵生动物中少见的。小楔

● 古老的爬行动物楔齿蜥

齿蜥的生长非常缓慢，它们从出壳开始必须经过 20 年才能达到性成熟阶段。目前，楔齿蜥数量稀少，它们已经濒临灭绝。

典型的哺乳动物

➜ 紫 貂

紫貂也叫黑貂，属于食肉目鼬科，因为它们的毛皮很珍贵，同人参、鹿茸合称为我国"东北三宝"。紫貂分布在俄罗斯西伯利亚、我国东北和蒙古人民共和国等地。

紫貂一般每年 4～5 月繁殖，每次产 2～4 仔。紫貂外形很像黄鼠狼，但比黄鼠狼大，身体细长，尾巴较粗，尖

△ **野生紫貂**

端毛很长。大耳朵，尖鼻子，4 条腿很短，爪子很尖利，是爬树能手。全身呈棕黑或黄褐色，腹部呈灰白色或淡褐色。

紫貂栖息在针叶林或混交林的密林深处，尤其原始森林中数量较多，主要吃各种老鼠、鸟和其他小动物，以及植物的浆果、种子。它们在早晨出来找吃的，白天常常待在树洞或石堆下的巢穴里。它们行动敏捷，不但会爬树，还能在地上奔跳。

➜ 大熊猫

大熊猫是我国特产的珍贵动物，它们主要生活在我国四川、甘

肃、陕西等省的少数崇山峻岭地区，十分稀少，已被列为国家一级保护动物。

大熊猫在分类上属食肉目、熊科、大猫熊亚科，外形很像熊，身体肥胖，四肢粗壮，头圆、耳小、尾巴短，脚和爪同熊一样；身体的毛色黑白分明，头和躯体乳白色，四肢黑色；白脑袋上有两只黑耳朵和两个黑眼眶，好像戴着一副墨镜。成年大熊猫的个头和黑熊差不多，体长

⬤ 憨态可掬的大熊猫

1.2～1.8 米，体重约 80～120 千克。

大熊猫的祖先是以食肉为生的，可演变到今天，它们却偏爱吃素。大熊猫主要吃竹笋和嫩叶，有时也吃蜜蜂、鸟和竹鼠等小动物，有些野生的甚至会猎食羊等家畜。

大熊猫生活在海拔 2 000～4 000 米的高山地带，那里山高林密，空气稀薄，地势险峻。它们既会涉水，又会爬树。

通常大熊猫的寿命约 10～30 岁，目前最长的为 38 岁，它们的繁殖力很低，一般每胎只产一仔，刚生下的熊猫，小得出奇，只有 90～130 克重，一年后就可长到几十千克，多数两年后就可以独立生活了。

➡ 麋 鹿

"四不像"是珍贵的鹿科动物，学名叫麋鹿。它们个头不大，有角，有一条长约 50 厘米的尾巴。之所以叫"四不像"，是因为它们

的蹄像牛而不是牛，尾像驴而不是驴，头像马而不是马，角像鹿而没有鹿的眉叉。它们的尾巴比一般鹿长，还生有丛毛。一般体长 2 米，肩高 1 米多，体重在 100 ~ 200 千克，成年雄性可达 250 千克，全身的毛能随季节变化，冬天呈棕灰色，夏天呈淡红褐色。它们不但喜欢玩水，还会游泳，主要在河旁、

● "四不像"——麋鹿

湖沼地带生活，以水生植物及岸边青草为食。

麋鹿有争夺配偶的习性。雄麋鹿之间常常发生凶猛的角斗，导致伤亡。雌鹿怀孕期一般为 270 ~ 280 天，每胎通常只产一仔。

麋鹿原本是我国的特产动物，到清代中期，只在北京的南海子皇家猎苑里有唯一的一群。后来它们被西方列强盗运到国外，在我国就绝迹了。1956 年，英国伦敦动物学会赠送我国两对"四不像"，才使它们重新回到故乡繁衍生息。现在江苏省建有麋鹿国家级自然保护区。

➜ 白唇鹿

白唇鹿是我国珍贵的特产动物，是鹿类中稀有的一种，已被列为国家一级保护动物。

白唇鹿体型较大，身长约 2 米，肩高约 1.3 米，重 130 千克左右。它们的颈较长，从颈至肩部长着长毛，尾巴很短，只有 30 厘米长，耳朵又长又尖，鼻子宽阔而厚实。下唇和吻端两边为纯白色，

国家一级保护动物白唇鹿

所以得名白唇鹿。

白唇鹿生活在海拔 3 500 ~ 5 000 米的高山灌林带或山地草原上，吃草类和矮小的灌木。身上有厚密的长毛，不怕寒冷和风雪，四蹄宽大，习惯于爬山越岭。它们是群居动物，常做远距离的迁徙，是一种十分顽强和耐苦的鹿。

雄的白唇鹿有长而扁平的角，角有 8 个分枝，枝位较多，又特别长。

角 马

角马是非洲的著名动物。共有两种：一种个头较大，尾巴黑色，叫黑尾角马；另一种个头较小，尾巴白色，叫白尾角马。它们的头像牛但有胡须；身体像羚羊而头颈却又粗又短，有鬃毛；尾巴像马，长而多毛。

黑尾角马

每年 7 月末到 8 月初，角马从坦桑尼亚的塞伦盖蒂国家公园向肯尼亚的马塞马拉国家自然保护区挺进。这是角马一年一度的季节性大迁徙。角马的迁徙是非常艰辛的，它们要日夜兼程，越过峡谷、河流，抵抗猛兽的袭击。这千辛万苦的"长征"是迫不得已的。

因为每年 12 月到第二年 7 月份前，塞伦盖蒂国家公园气候凉爽干燥，地上满是嫩草，角马可以不愁吃喝地生活在这里。可是自 7 月初进入雨季后，角马的粮源就断了，所以它们选择了迁徙。

➜ 豪 猪

豪猪又叫箭猪、刺猪，广泛分布在我国的长江流域和西南各省。它们的身体肥壮，体重十几千克，身体长 50～90 厘米，牙齿锐利，头部有点像老鼠，全身棕褐色，从背部直到尾部披着簇箭一样的棘刺，臀部棘刺长而集中，尾巴隐藏在刺里面，不容易被看到。它们身上最粗的长刺像筷子，呈纺锤形，最长的可达 0.35 米，每根刺的颜色是黑一段白一段，黑白相间的。豪猪居住在洞穴里，每年繁殖一次，每次产仔 2～4 只，刚生下的小豪猪的刺是软的，但很快会变硬起来。

豪猪遇到敌兽时，它们屁股上的长刺会立即竖起，并发出"沙沙"的声音警告对方。如果敌兽再紧紧相逼，它们就转身用屁股相迎，把刺刺进对方的肉里。有时候虎、豹被豪猪刺伤后，会造成烂舌头和瞎眼睛的下场。

➜ 猩 猩

猩猩的老家在亚洲的苏门答腊和加里曼丹。猩猩和大猩猩、黑猩猩是同族兄弟。猩猩身上的长毛稀疏柔软，好像得了毛发脱落症。它们的胳膊又长又粗，腿却又短又弯，又圆又大的脑袋上长着两个很小的耳朵。

猩猩喜欢在树上攀缘行走，它们的两只长胳膊灵活有力，在树与树之间就像荡秋千一样，自在快活。一旦离开树林，到了地上，它们就显得较为笨拙、迟缓了。它们爱吃果实和嫩叶。

➔ 穿山甲

⬣ **穿山甲长长的舌头**

穿山甲又名鲮鲤，属于鳞甲目、鲮鲤科，是全身披着硬角质厚甲片的一种动物。穿山甲的身体狭长，头部又尖又长，四肢粗短，尾巴扁平。它们那尖细的嘴巴像一支支笔管，它们没有牙齿，全靠一根细长而有黏液的舌头舔食白蚁和蚂蚁等小虫子。

穿山甲过着雌雄共栖的穴居生活。它们夜间爬出洞外，走路时前肢指关节着地，跪着行进。它们常用强有力的爪子扒坏白蚁的巢，伸出又长又黏的舌，舔食蚁群和其他昆虫。因为穿山甲没有牙齿，所以吃的食物全靠吞食的小石子来研磨。它们的视觉很差，但嗅觉却很灵敏。穿山甲的胆子非常小，一旦遇到惊吓，就蜷缩成团，再凶猛的野兽，见到了这种满身鳞甲的怪物，也无从下嘴。

➔ 长颈鹿

长颈鹿属于偶蹄目、长颈鹿科，是世界上最高的动物。它们的头颈和腿都很长，站立起来有 6~8 米高。

长颈鹿生活在非洲，常成群活动在稀树草原中，每群约有几十只。它们爱啃食树的叶子，很少喝水，这是因为它们

⬣ **世界最高的动物——长颈鹿**

的脖子不容易弯曲，腿又很长，要想喝水，必须把前面两条腿分别

伸展到两边，或者跪在地上，才能使头部碰到水面喝上水。它们每喝一次水都要费很大的劲，也容易受到敌兽的攻击。

长颈鹿性情温顺，通常它们能和羚羊、斑马等动物和睦相处。长颈鹿走路姿态非常斯文，但跑起来速度相当快，连马也赶不上。

➜ 袋 鼠

澳大利亚是袋鼠的故乡，共有 50 多种袋鼠，其中大灰袋鼠和大赤袋鼠是整个袋鼠家族的"巨人"，鼠袋鼠则是这个家族的"侏儒"。

大袋鼠体形很像老鼠，但头小耳大。身长约 1.5 米，体重将近 100 千克。袋鼠的后腿和尾巴强大有力，平时它们用

⬆ 大灰袋鼠

后腿和尾巴支持身体，成为一种"三脚架"。往往一跳有 7 米远，3 米高，飞跑的速度可达 48 千米/小时。跳跃时摇动尾巴像舵一样，维持身体平衡。它们的主要食物是青草、树皮、树叶和嫩枝。

袋鼠的特殊之处是在它们的腹部生有皮袋，刚生下的小袋鼠只有两厘米长，比小手指头还细，半透明状好像蠕虫。小袋鼠在爬进育儿袋后，就会吃奶了，它们要在育儿袋中生活 8 个月才能外出活动，但一有动静就赶紧钻进袋内。出袋后的小袋鼠，要经过 3 年左右才能长成熟。

➡ 驼 鹿

驼鹿又叫麋，属于偶蹄目鹿科，主要分布在欧亚大陆和北美大陆的北部地区，以及我国的大兴安岭北部，已被列为我国二级保护动物。驼鹿身高超过两米，体重可达 1 000 千克，是世界上最大的鹿。它们的腿很长，一般有 1.2 米长，

➤ 驼 鹿

肩部向上隆起，脖子短，雄驼鹿头上都长着一对分杈的大角，好像一对仙人掌；雌驼鹿不长角，无论是雌的还是雄的，脖子下都有一个肉垂，上面长有很长的毛，垂到喉下。

驼鹿是水陆皆能的动物，它们在池塘、湖沼中跋涉、游泳、潜水、找东西吃，行动十分轻松敏捷，一次可以游 20 千米，还能潜入 5.5 米深的水底寻找水生植物，然后升到水面呼吸和咀嚼，一边泡澡一边吃食是它们最高兴的事了。在陆地上，驼鹿奔跑也极快，每小时可跑 55 千米以上。驼鹿的食物是树叶。驼鹿每年 5～6 月产仔，每胎 1～2 个，小鹿随妈妈生活一年，3 岁时成熟。驼鹿的平均寿命约为 30 岁。

➡ 猎 豹

猎豹是世界上奔跑最快的哺乳动物。它们的外形像金钱豹，但略瘦小一些，它们的头和身体有点像猫，4 条腿像狗，叫声像美洲豹，也会像鸟一样"唧唧"地叫。猎豹喜欢独来独往，或者公母一对出来活动，生活在非洲大草原上的干燥地区。猎豹的短跑纪录是

▲ 奔跑中的猎豹

每小时奔跑 130 千米，比汽车的速度还快。猎豹一看到可吃的野兽，便以高速追击猎物，只要距离不太远，被追击者即使跑得再快，也会被逮住的。如果遇到像斑马那样体型较大的猎物时，几只猎豹会协同作战，一起把它杀死。

➡ 雪 豹

　　雪豹的外貌和大小同金钱豹差不多，只是头小些，毛更厚、更长，尾巴更粗、更长。它们的全身呈淡青而略带灰色，腹部纯白，背脊中央到尾部有条淡黑色浅纹，全身缀着蔷薇花形的褐色斑点。如果它们蹲伏不动，就像一块块青灰色的大石头。

　　雪豹生活在我国青藏高原和帕米尔高原等地，它们耐寒怕热，宁愿住在高山雪地里，也不愿藏身丛林和灌木之中。雪豹在发情期前后大都成对栖息，白天在洞中休息，早晨、黄昏和夜间出来活动，主要吃岩羊、北山羊、捻角山羊、鹿、兔等。

　　雪豹十分机警、狡猾，在雪地走路时，总是把长尾巴垂在地上来回摆动，把它当扫帚，消除自己在雪地里留下的脚印，以躲避猎人的追踪。

典型的鸟类 ▮▮▮▮

➜ 极乐鸟

极乐鸟属于雀形目、极乐鸟科，是巴布亚新几内亚的国鸟。有些极乐鸟全身大部分为深褐色，头部为金绿色，身体两侧丛生着深黄色的长绒毛，闪闪发光，尾部当中长着两根长羽毛。极乐鸟有很多种，最著名的是红极乐鸟、王极乐鸟、蓝极乐鸟、萨克森极乐鸟和长尾极乐鸟。

⚫ 蓝极乐鸟

红极乐鸟狂欢起舞时，绒羽就竖立起来，形成两面光彩夺目的扇形屏风；蓝极乐鸟羽色鲜艳，雄鸟向雌鸟求爱时，会把自己倒悬在树枝上；萨克森极乐鸟头上有两根长达60厘米的羽毛，其中一根是褐色的，另一根上面长着蓝白色的光滑的细绒毛；长尾极乐鸟以其长长的、羽毛数量多且鲜艳的尾巴著称，很不容易见到。

➜ 营冢鸟

营冢鸟属于鸡形目、冢雉科，是澳大利亚及其附近岛屿上生活方式很特殊的一种鸟类。营冢鸟的外形很像鸡，但颈部较长，脚也长并且强健有力。营冢鸟从不孵蛋，在繁殖季节来到之前，雄鸟就开始大兴土木。它们把树叶和干草堆到一起，有几米高的时候，雌鸟每隔几天在上面下一个蛋，然后走开。雄鸟马上把泥沙铺在上面，利用树叶腐烂产生的热量孵蛋，雄鸟一般要保持树叶堆里的温度在 33℃～34℃，如果温度高了，就扒开一些泥沙，让里面的热量散发掉一些；温度太低了，就多堆一些泥沙，以提高树叶的温度。就这样，营冢鸟

⬤ 营冢鸟

要整整忙上约 11 个月，雏鸟才从土下 90 厘米的深处破壳而出。这时，父母儿女将形同陌路，小雏鸟会离开父母独立谋生。

➡ 犀 鸟

犀鸟主要生活在东南亚热带丛林和我国云南西双版纳密林等地。犀鸟的身体结构很特别，身体很大，通常 70～120 厘米长，嘴特别

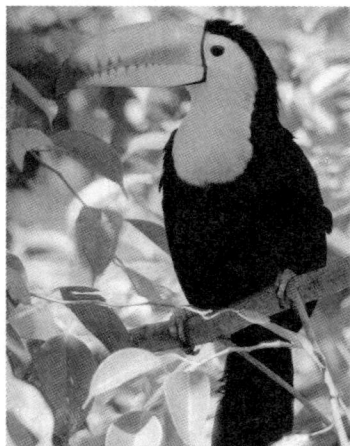

⬤ 大嘴犀鸟

大，长达 35 厘米。它们的眼睛上长着美丽的长睫毛，大嘴上面长着凸起的角质帽，看起来好像犀牛的角，因此，人们称它们为犀鸟。

犀鸟喜欢栖息在密林深处的参天古木上。它们有时啄食树上的果实，有时也捕捉昆虫、爬行类、两栖类和兽类。

犀鸟在每年五六月间，选择大树洞产卵。雌鸟进洞后，雄鸟在洞外以一种类似胶状的胃中分泌物，混合着木质的果壳和种子等把洞封起来，只留一个小孔，让雌鸟把嘴伸出去，雄鸟在洞外取食喂养雌鸟，一直到小鸟孵出以后，雌鸟才从洞

中飞出，并把小鸟留在里面，父母轮流给小鸟喂食。

➡ 寿带鸟

寿带鸟也叫绶带鸟、一枝花等，是温带森林中一种尾巴很长的美丽的食虫鸟。寿带鸟的大小和麻雀差不多，但尾部的羽毛却很长，尤其是雄鸟尾部中央的两根羽毛是身体的 4～5 倍。寿带鸟的羽色变化多端，随年龄的不同，通常有栗色和白色两种类型。人们把白色的寿带鸟看成梁山伯的化身，把栗色的寿带鸟看成祝英台的化身。其实，寿带鸟在年轻时是一身栗色羽毛，到了老年则变得洁白如雪。年轻雄鸟的头上的羽毛是蓝色的，带有金属般的光泽，头顶上有一排羽毛，鸣叫的时候会一根根竖起来，肚皮是白色的，背上、翅膀上和尾部的羽毛都是栗色的。雌鸟羽毛稍暗，尾羽较短。

🔺 寿带鸟美丽的羽毛

寿带鸟常隐栖于丛林间，在树与树之间飞来飞去，飞行缓慢，很少落地。寿带鸟的食物几乎全是昆虫，其中大部分是农林业害虫，包括鳞翅目昆虫、直翅目昆虫、蝇类和鞘翅目昆虫等。

➡ 戴 胜

戴胜又称"臭姑鸪"，属犀鸟目，戴胜科，常常出现在林缘耕地附近，多数是温带森林地带的夏候鸟。

戴胜头戴美丽的"高帽子"，身上的羽毛是棕褐色的，翅膀和尾羽大都黑色，并有白色或棕白色的横斑，它们的嘴又细又长，稍向下弯曲。戴胜唱得起劲的时候，脑袋会忽高忽低，"帽子"一起一伏，十分有趣。

△ 头戴"高帽子"的戴胜

戴胜常常单独栖息在开阔的原野、农田或林缘的树木上，到地面找食。戴胜主要吃农林害虫，尤其是地下害虫，人称"田园卫士"。它们在5～6月间繁殖，在树洞、岩缝、破墙窟窿里筑巢，产5～9个蛋。戴胜有个坏毛病，就是不讲卫生，粪便、脏物堆得巢中臭气冲天，它们身上还会分泌一种臭味液体，而一沾到手上，几天以后还能闻到那种臭味。因此人们称它们为"臭姑鸹"。

➔ 绿头鸭

绿头鸭又叫大红腿鸭、大绿头鸭，是一种比较大型的野鸭。绿头鸭和斑嘴鸭都是家鸭的祖先。雄鸭的头和颈呈绿色，颈基有一条白色领环与胸相隔。雌鸭背面呈黑褐色，腹面呈浅棕色，双脚是橙黄色。

绿头鸭大多生活在河流、湖泊的草丛中，每年秋天它们飞到南方越冬，第二年春天又回到北方。它们总是喜欢成群结队地迁徙。

● 绿头鸭从水中直立而起

绿头鸭的尾巴上有一对发达的油脂腺，会分泌出油脂。它们的羽毛比较轻，能使身体浮在水面上，脚上的蹼可以当桨划，绿头鸭就是靠着这些特征在水中自由自在地游动的。

绿头鸭以野生植物的种子、芽、茎叶、谷物、藻类、软体动物和昆虫为食。它们一般每窝产卵 10 枚左右，卵有两种色型。据考证，家鸭的祖先是由绿头鸭驯化来的。历史上，有关家鸭最早的记载是在公元前475～公元前221年的战国时代，也就是说在 2 000 多年前的战国时代，我们的祖先就开始把绿头鸭驯化成家鸭了。

→ 椋 鸟

椋鸟以善于模仿多种声音而闻名于世，是鸟类中出色的口技演员。椋鸟不但能学会许多鸣禽的啼啭，而且能模仿青蛙和鹤的鸣叫声、锯木时的刺耳声、小马的嘶鸣声、人的口哨声、汽车的喇叭声等，凡是它们经常听到的声音，都能惟

● 灰头椋鸟

妙惟肖地模仿出来。如果跟人相处，还能学会几句人话呢。

椋鸟的"服装"也很讲究，它们头戴黑色小帽，身穿各色外套，显得十分别致。椋鸟的特长不只是表演口技，还能捕捉大量的害虫。许多椋鸟都喜欢吃含有很多蛋白质的蝗虫、蟋蟀、毛虫、地老虎和蜗牛等农林害虫。

➜ 鹩哥

鹩哥是中外闻名的鸣禽，又叫秦吉了、了哥，样子跟八哥差不多。它们通体黑色，闪着明亮的金属光泽，翅膀上有一道不大但较为明显的白斑。嘴厚实，呈橘红色。从嘴基后面生出两片黄色肉垂，一直披到头后，显得与众不同。

⚫ 鸣禽鹩哥

鹩哥生活在我国云南南部、广西和海南省，歌声婉转悦耳，变化多端，还能模仿其他鸟鸣叫，学说人话用不着修舌，比八哥还易调教，经过训练的鹩哥能说一些简单的语句，能读外文，还能进行诗歌朗诵。

鹩哥的小名叫"秦吉了"是因为一段传说。据说，有一对青年男女自由恋爱，但不能天天在一起彼此倾诉衷肠，全靠一只鹩哥给他们传送信件。一天，又到了送信的时候了，那只鹩哥对女子说："情急了。"女子见自己的心事被它一语道破，又羞又喜便叫它为"情急了"。传来传去，"情急"二字便改成了"秦吉"，于是鹩哥就有了"秦吉了"的雅号。

➡ 织布鸟

织布鸟的种类很多，主要分布于非洲和亚洲。我国云南南部有一种黄胸织布鸟，大小和模样与麻雀相似。

因为织布鸟的编织技术十分高超，它们能像人们织布那样编织自己的巢。织布鸟用来编织房子的材料是柔软而强韧的草叶。织布鸟的房子形状像一个个悬挂在树下的葫芦，上细下粗。它们的编织工作主要是用嘴巴来完成的，也离不开脚的帮助。它们先把结实的粗纤维编成绳子，牢牢地系在树枝上，然后用嘴巴把细叶穿入

⬤ 黄胸织布鸟

缠绕树枝的圆环，打成一个结，再缠绕交织，在细树枝上牢牢固定之后，就像经纬线排列那样不停地织起来，巢越来越大，巢壁也越来越厚。巢的入口处在一侧的下面，这样即使外面下倾盆大雨，窝内也平安无事。巢与巢口之间常修筑一条"飞行跑道"，织布鸟既可以将它作为起落的跑道，又能防备入侵的敌人。

➡ 金丝燕

金丝燕又叫雨燕，属于雨燕目雨燕科的热带鸟类，生活在泰国、菲律宾、印度尼西亚等地。

金丝燕是雨燕科中最小的一类，身长在 9～13 厘米，羽色呈灰黑稍显暗褐，腰部有一条像白色带子的羽毛。翅膀又尖又长，强健

有力。脚很纤弱，几乎不能在地面上行走，只能在回巢时暂作抓附的一点帮助。金丝燕整日飞翔，很少休息，以捕食昆虫为生。

金丝燕是在岩壁上筑巢的，它们筑巢所用的材料是独一无二的。它们的喉部黏液非常发达，能分泌大量浓厚而富有胶黏性的唾液，金丝燕用自己吐出的黏液，混合着绿色的藻类，堆积和粘固在岩洞石壁上，做成碗碟状半圆形的燕窝。燕窝的颜色发白，像真丝一样，稍稍透明又富有弹性。70多种金丝燕中，只有少数几种金丝燕的窝是用纯分泌液做成的。较好的燕窝几乎全是唾液凝固成的。

水生动物和两栖动物

典型的鱼类

➜ 电 鳗

电鳗是生活在南美洲的亚马孙河和奥里诺科河流域中的一种会放电的鱼。它们的身体呈圆柱形，一般身长2米多，重20多千克，身体光滑无鳞。它们的肛门长在喉部，尾巴很长，大约占体长的4/5。

电鳗是河湖里的"魔王"，当它们寻找食物或遭

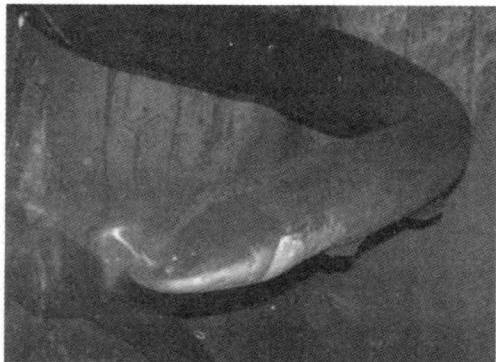

🔵 会放电的电鳗

到袭击的时候，就立即放电，即使像鳄鱼那样凶狠的动物，也会被

它们电得半死不活的，被它们电死的鱼、蛙等，有时一顿都吃不完。电鳗之所以能放电，是因为在它们的身体两侧，从胸鳍开始到尾部的皮下，有发电器。电鳗发电的电压一般为 300～860 伏，在水里的有效范围是 3～6 米，是现存发电淡水鱼类中能力最强的。它们可以将水中的人、过河的牛和马击毙。电鳗每放一次电后，要休息一会才能继续放电。

➔ 攀鲈

攀鲈是一种能离开水，在陆地上爬行的鱼。它们主要生活在我国南方、印度、马来西亚、斯里兰卡的淡水河或湖中。它们体形不大，每当旱季河水快要干涸的时候，它们就会离开水，用鳃盖上的钩刺顶着地面，依靠胸鳍和尾巴，慢慢地爬行，有时能爬得很远，甚至还会爬到树上。

攀鲈鳃腔内的背部，生有像木耳一样的褶状薄膜，动物学上叫做鳃上副呼吸器，可以协助鳃呼吸。在薄膜上有许多微血管，空气里的氧气可以通过这些微血管进入血液，并排出二氧化碳，起到呼吸作用。

➔ 斗 鱼

生活在中南半岛和我国南方河流里的斗鱼，体色鲜艳又好斗，是著名的观赏鱼。它们的身长不过 7～8 厘米，全身浅绿，上面有 12 条黑色斑纹，会发出金黄色的光。小嘴巴，大眼睛，鳍条柔长如丝，在我国的南方人们又叫它们"花毛巾"。

斗鱼把打斗当成家常便饭，两条雄鱼碰到一块就要搏斗。它们张开全身的鳍，互相撕咬，杀得难解难分，其结果不是两败俱伤就是一方被咬死。有些种类的斗鱼在争斗时，全身的颜色会由浅绿色变成红色，再变得红里透紫，最后变成青黑色，闪光的金色更加灿烂夺目。

在斗鱼繁殖的夏季里，雄斗鱼披着美丽的"外衣"寻找自己的伴侣，还不时从嘴里吐出一团团黏性气泡，筑成浮巢。雌斗鱼向雄斗鱼表示满意时，自己褐色的身躯上会露出一些

▲ 著名的观赏鱼——斗鱼

灰色条纹。这时，它们双双游到巢边，进行产卵仪式，雄鱼把受精卵用嘴送到浮巢内，然后将雌鱼赶走。雄鱼在巢边独自守护，直到幼鱼被孵化出来为止。

➡ 翻车鱼

翻车鱼是世界上最重的硬骨鱼，它们和一般鱼长得不一样，头和身体界限不清楚，好像一只大鸭蛋。不过它们不是椭圆形的，而是左右扁平的。它们的背鳍和臀鳍一上一下，高大且相对，没有腹鳍，身体的后半段好像被一刀切去，只留下头部似的，所以人们又叫它们头鱼。它们的嘴巴小，牙齿咬合在一起像一块板，行动迟钝。一只成年翻车鱼一般 2.5～4.3 米长，最长的有 5.5 米，重 1 400～3 500 千克。

翻车鱼还是世界上产卵最多的鱼，一只母翻车鱼一次产卵量最多时有 3 亿粒，每粒直径大约 1.27 毫米，不过真正能孵出幼鱼的卵

不是很多，因为大部分卵没有受精而成为废卵，还有大量的卵被其他鱼类吞食。刚孵出的幼鱼也和其他鱼类一样，不过长大了，就变成了和它们父母一样的怪模样了。

→ 食人鱼

食人鱼生活在安第斯山脉以东、南美洲的中南部河流，巴西、圭亚那的沿岸河流。此外，在阿根廷、玻利维亚、巴西、哥伦比亚、圭亚那、巴拉圭、乌拉圭、秘鲁及委内瑞拉也有发现。

🔺 食人鱼可怖的牙齿

食人鱼（又名食人鲳）栖息在河宽甚广、水流较湍急处。在巴西的亚马孙河流域，食人鱼被列入当地最危险的四种水族生物之首。在食人鱼活动最频繁的巴西马托格罗索州，每年约有 1 200 头牛在河中被食人鱼吃掉。一些在水中玩的孩子和洗衣服的妇女不时也会受到食人鱼的攻击。食人鱼因其凶残特点被称为"水中狼族""水鬼"。成年食人鱼主要在黎明和黄昏时觅食，食物以昆虫、蠕虫、鱼类为主。

成熟的食人鱼雌雄外观相似，都有鲜绿色的背部和鲜红色的腹部，体侧有斑纹。它们有高度发育的听觉，两颚短而有力，下颚突出，牙齿为三角形，尖锐，上下互相交错排列。食人鱼咬住猎物后紧咬着不放，以身体的扭动将肉撕裂下来，一口可咬下 16 立方厘米的肉。牙齿的轮流替换使其能持续觅食，而强有力的牙齿可对猎物造成严重的咬伤。

典型的两栖动物 ▮▮▮▮

➜ 弹琴蛙

弹琴蛙生活在我国台湾、云南、四川和福建等省山区的水田或水塘附近。它们的身长约 5 厘米，灰褐色的身体上，点缀着黑色的

斑点。因为雄蛙会发出"噔、噔、噔"的声音，像电子琴演奏的乐曲声，所以人们叫它们弹琴蛙。

弹琴蛙繁殖后代的手段十分高明，它们用泥巴在近水的泥埂上筑窝。泥窝的上方有一个圆形小洞。雌蛙和雄蛙共同筑好窝后，雌蛙在窝里产下外包胶质厚膜的卵，并把这些卵连成一片，蛙卵在厚膜的保护下正常发育。雨季

● 弹琴蛙

到来的时候，已经孵出的小蝌蚪被大雨相继冲入水中，游到附近的水塘里，开始了自己的新生活。

➜ 树 蛙

树蛙又叫飞蛙，分布在印度、东南亚和我国南部等地。顾名思义，树蛙是生活在树上的，它们的脚趾大而长，趾间长着很宽的蹼膜，趾端有很大的吸盘。依靠吸盘的吸附作用，它们能在树干上轻巧地爬行而不会掉下来。树蛙还会"飞"，它们可以把趾间的膜张

开，像大纸扇一样扇动起来，使自己从一棵树滑翔到另一棵树上，或降落到地上。

⬥ 生活在树上的蛙类——树蛙

树蛙是一种夜间活动的动物，主要捕食昆虫和蜘蛛等，它们还会随着周围环境的变化而改变自己的体色，以保护自己并获得食物。

母蛙在树上产卵时会分泌出很多黏液，并用腿把它搅拌成泡沫状，然后将卵产进泡沫里，整堆卵泡就牢牢粘在树枝上。当蝌蚪被孵化出来时，卵泡的底部就融化，小蝌蚪纷纷跌入水中，自由自在地游起来，直到它们长成和它们的父母一样的时候，才又回到树上生活。

➡ 角 怪

角怪的学名叫崇安髭蟾，又叫胡子蛙，是我国特有的两栖动物。角怪分布在福建、浙江、江西等地区。

雄性髭蟾的上唇两边，生有黑色的角质刺。角怪的眼珠上半边呈黄棕色，下半边呈蓝紫色，瞳孔是纵置的，会随着光线的强弱缩小或放大，像猫的眼睛一样，在强光下，瞳孔缩成一条纵缝。

角怪的生活习性也怪，它们的后肢短，前肢长而有力，白天躲在

⬥ 武夷山角怪

溪流附近的石缝草丛或树洞里，晚上出来找食物。它们主要吃昆虫、蛞蝓、蜗牛等。角怪在其他蛙类冬眠的时候出来产卵，那灰白色的卵就黏附在临近水面的石块上。

动物的技能

能巧用工具的动物

动物王国里，除灵长类动物外，还有一些会使用工具以猎取食物和进行自卫的动物，其中有些在使用工具时，表现得非常有趣。

乌鸦吃河蚌时，有时会先叼起一块石头，把河蚌的硬壳砸开；啄木鸟吃榛子时，先把榛子卡在树皮的小洞里，然后连续地啄敲果壳，直到果壳裂开为止；埃及山鹰很爱吃鸵鸟的蛋，但鸵鸟蛋壳很厚，它们有时会叼块石头，向蛋上猛砸，直至蛋壳被砸开；北极熊对海象发动攻击时，有时会趁海象正在打瞌睡时，突然捡起一个大冰块从海象脑后打去，一下子就把海象打昏了；小水獭找到一个蛤蜊后，有时会仰卧在水面，在肚皮上放一块石头，用前肢抓住蛤蜊，不停地往石头上碰撞，直到把蛤蜊壳敲开为止；黑猩猩爱吃白蚂蚁，它们有时会拾来一根树枝，剥得光光的，伸入蚂蚁洞里，等蚂蚁爬满树枝，再拉出来美餐一顿……

会换装的动物

在寒冷地区生活的动物，为了适应环境，每到冬季，它们便换上了冬装。我国东北大森林中的雪兔，夏季时毛色呈棕红色，略带棕褐色，但到冬天，它们全身绒毛就变成雪白的了。欧洲北部的雪貂、西伯利亚的松鼠、北美哈德逊湾的旅鼠……每到冬季毛色也都变白了。

动物冬季换毛，是在长期进化过程中形成的一种适应性能，因为冬季毛色深的小动物，容易被发现而遭到敌害，换成浅色体毛的动物在冰天雪地里活动时，则容易躲避敌害。这是某些动物在漫长的生存斗争中，形成的更换"白色冬装"的遗传习性。

△ 雪 兔

"节能"动物

动物在与自然界的生存斗争中，经常会面临饥饿、干渴以及环境变化的威胁，所以如何减少体内能量的消耗，便显得十分重要。

蛇的耐饿本领十分惊人，因为它们有一套节能方法。蛇是一种变温动物，比恒温动物消耗能量要少得多，拿大蟒蛇和猪相比，它们每天能量消耗是 1:150。因为消耗少，所以蛇冬眠时其体重只不过减轻 2% 左右。骆驼的耐渴能力是很惊人的，它们除在体内贮存大量水外，必要时还可将体内脂肪转化成水使用，加上它们很少出汗和排尿，因此，即使长时间不喝水，它们也能正常生活。

有一种金行鸟，每年春秋迁徙时，它们能不吃不睡，一口气飞行 4 000 多千米，但体重只减轻 0.06 千克；蝎子能饿 9 个月而体重略微下降；在北美的一个石油矿中，人们发现已休眠了许多年的活青蛙，其节约能量和利用能量的奥秘，至今还是令人费解的生命之谜。

能预报天气的动物

许多动物对天气的感觉很灵敏，所以古人经过长期观察，总结出如"燕子低飞蛇过道，滂沱大雨即来到"等谚语。

在雨前，由于天气闷热，气压下降，空气湿度大，许多动物会感到气闷，这时，昆虫一般都飞不高，燕子也就擦地而飞，捕捉小虫吃。而蛇在洞中于雨前也会感到闷热不舒服，便出洞到空气通畅的地方透气。蜜蜂在大雨即将来临时，也都提前飞回蜂巢避雨。泥鳅在水底因呼吸困难，便浮到水面上，甚至还不时跃出水面。蚂蚁在洞里感到气闷，便挖大巢穴，甚至集群搬到地势较高的地方。蜘蛛因空气湿度太大，不能张网捕食，便躲到树枝上或墙角去休息。当人们一看见这些动物的反常现象时，便知道将要下雨了。

⚫ 燕子在水面低飞

讲秩序的动物

有许多动物是很守集群纪律与秩序的，其中人所共知的一种动物是大雁。其实黄蜂和沙丁鱼也是遵守纪律的典范。

据实验证明，黄蜂在蜂窝外边的狭窄通道上行动时，一律是靠左侧行走，从不发生任何冲突。当遇到负重的同伴时，不负重的黄蜂便会主动让开道，让负重的同伴先行。

海洋里的沙丁鱼，不仅有遵守纪律的好品行，还有尊老爱幼、

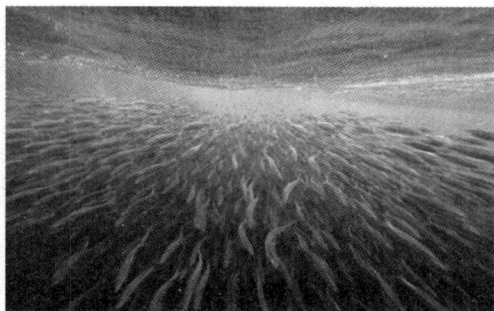

⬢ 井然有序前行的沙丁鱼群

互助互让的美德。它们成群结队地在狭路上前进时，总是自觉地排成整齐的队伍；如鱼群中混入了别的鱼类，它们一般会彬彬有礼地把下层让给别的鱼类，自己在上层列队前进；在长途行进时，年龄小的鱼在水的下层列队，年龄大的则在水的上层列队保护，并且鱼与鱼之间的远近距离基本相等，而不是挤成一团或乱游乱闯，其纪律与秩序非常严明而井然。

吃猫的老鼠

猫是捕鼠的能手，一般老鼠一见了猫，总是吱吱哀叫，浑身发抖，软作一团。但在非洲大陆上有一种吃猫的恶鼠，它们和普通的老鼠大小相仿，不同之处就是长着一张坚硬锋利的嘴巴，在遇到敌害时，还能发出一种麻痹动物中枢神经的烈性怪味。它们一遇到猫，便吱吱地乱叫，接着就发出烈性怪味，猫嗅到这种怪味后，便浑身发抖，软作一团，它们则乘势扑上去，用坚硬、锋利的牙齿，咬断猫的咽喉，然后把猫拖进洞里慢慢吃掉。

吃铁的怪鸟

世界上有不少鸟类和家禽因为消化硬质食物的需要，经常习惯性吞食一些砂粒石子，这是人们司空见惯的现象。

沙特阿拉伯北部的森林里，却生长着一种能吃铁的怪鸟。它们长着尖尖的头，圆圆的身，黑亮的羽毛，叫声很难听。这种鸟特别爱吃铁制品，如铁钉、铁屑、小铁块、小铁球。据说有一次，一个铁匠背着一袋小铁钉在树下睡觉，当他醒来时发现袋里的小铁钉少了一半。经查找，他在树林深处发现了一些小铁钉正在被一群小鸟争食着。据科学家解剖分析，这种能吃铁的鸟，其胃液里盐酸的含量特别多，所以能将金属腐蚀溶解掉。而且由于身体的需要，它们必须经常找铁质的东西吃。

散香龟

防止食物腐烂的最好办法，是将食物放在电冰箱里，但电冰箱价格很贵，不是所有人都买得起。然而在非洲有些农村里，多数农民家中都有一个不花钱的"冰箱"。

非洲尼日尔阿德拉东部的喀道牧村，生长着一种褐黄色的乌龟，它们外形和普通乌龟相似。但奇异的是，它们头顶上有一个香腺，沿着颈部伸出一组细小的香腺管，一直通往甲壳下的许多香胞里，这些香胞每天能制造出

△ 散香龟

0.03 克的香素。这种香素味道极为浓郁，有强大的杀灭霉菌的作用，食物柜里有了这种香素，可使食物不变质。当地很多居民在食物柜里都放着这种乌龟。它们的学名叫"散香龟"。人们称它们是"食

物的防腐者"或称为"廉价冰箱"。

会钓鱼的鱼

海面下约 1 600 米的海洋深处，生活着一种奇异的会钓鱼的鱼——鮟鱇鱼，它们极难捕捉，身长只有 10 厘米，全身漆黑，从头到尾长满尖刺。有趣的是在它们的前额上，有一根细长的圆筒，尖端上只有一条更细的"绳子"，长度和圆筒相等，在绳的末梢又长有一套复杂完备的天然工具：3 只鱼钩形的角质爪，每一只爪下又配备着一盏黄色的"探照灯"，以引诱鱼类。它们的钓鱼本领娴熟，身手敏捷，每天可钓到数十条小鱼。它们的牙齿长在嘴唇上，可以随嘴唇向上、向外翻动，一旦把小鱼吃进口中便马上咬紧牙关，小鱼便很难溜掉。

它们的"钓竿"又是防身武器，当遇到敌害时，能在瞬间把"钓竿"向前一挺，爪上的"探照灯"猛然向对方射出光芒，趁敌人惊吓之际，它们就迅速地逃之夭夭了。

动物的奇异之谜

识数之谜

动物能不能识别数字，为此人们一直争论不休。科学家也力图通过试验来进行鉴定。而自然界中的许多动物又确实为人们提供了一些可以研究的机会。

有一个科学家做过一次试验。他请来 4 位拿枪的猎人来试验乌鸦，乌鸦看见拿枪的猎人来了，就躲到大树顶上，不飞下来。4 位猎人当着乌鸦的面躲进草棚。一会儿，走了一个猎人，乌鸦不飞下来；又走了一个猎人，乌鸦还不飞下来；可是第三个猎人走后，乌鸦就飞下来了。它大概以为猎人全走了。科学家因此怀疑，乌鸦识数能数到"3"。

美国有只黑猩猩，每次都得喂它 10 根香蕉。有一次饲养员故意逗它，只给了它 8 根香蕉，黑猩猩吃完了，还去继续找饲养员要香蕉吃，饲养员又给它 1 根，它还不肯罢休，直到再给它 1 根，吃够了 10 根后猩猩才心满意足地离去了。也许，黑猩猩确实"心中有数"。自然界的动物究竟能不能识数，它们是怎样数的？科学家对此十分感兴趣。

知识小链接

黑猩猩

黑猩猩是猩猩科中最小的种类，体长 70～92.5 厘米，站立时高 1～1.7 米，雄性体重为 56～80 千克，雌性体重为 45～68 千克；身体的绒毛较短，黑色，通常臀部有一白斑，面部灰褐色，手和脚呈灰色并覆以稀疏黑毛；幼猩猩的鼻、耳、手和脚均为肉色；耳朵特别大，向两旁凸出，眼窝深凹，眉脊很高、头顶毛发向后；平均手长 24 厘米；犬齿发达，齿式与人类相似；无尾；有黑猩猩和小黑猩猩（倭黑猩猩）两种。

雌雄互变之谜

男变女、女变男，通常对人类来说是难度较大的，即使是在科技发达的今天，在医学手术的帮助下，变性也是一件不容易的事。但在生物界中，变性是一种不足为奇的现象。

沙蚕是一种生长在沿海泥沙中，长得像蜈蚣一样的动物。当人们把两条雌沙蚕放在一起时，其中的一条就会变为雄性，而另一条保持不变。但是，如果将它们分别放在两个玻璃瓶中，让它们彼此看不见摸不着，它们则不会变性。

▲ 红绸鱼

还有一种一夫多妻的红鲷鱼，也具有变性特征。当一个群体中的首领——唯一的那条雄鱼死掉或被人捉走后，用不了多久，在剩下的雌鱼群中，其中一只身体强壮者，体色会变得艳丽起来，鳍变得又长又大，卵巢萎缩，精囊膨大，最终成为一条雄鱼而取代原来"丈夫"的地位。若把这一条也捉走，剩余的雌鱼中又会有一条变成雄鱼。但是如果把一群雌红鲷鱼与雄红鲷鱼分别养在两个玻璃缸中，只要它们互相能看到，雌鱼群中就不能变出雄鱼来，但如果将两个缸用木板隔开，使它们互相看不见，雌鱼群中很快就变出一条雄鱼。科学家通过实验发现，红鲷鱼的性别转变与其体内的激素调节有关，同时也受环境因素影响。当雌鱼感受不到雄鱼存在时，其神经系统会及时应对这种变化，在体内分泌出大量雄性激素，让自己发育成一条雄鱼。

有人对鱼类的"变性之谜"进行了研究，认为鱼类改变性别的目的，主要是能够最大限度地繁殖后代和使个体获得异性刺激。美国犹他大学海洋生物学家迈克尔认为，在一种雌鱼群或一种雄鱼群中，其中个头较大者，几乎垄断了与所有异性交配的机会。这样，当雌鱼较小时能保证有交配的机会，待到长大变成雄性时，又有更多的繁育机会，与性别不变的同类相比，它们的交配繁育机会就相对增加了。同样，在从雄性变为雌性的鱼类中，雌鱼的个体常大于雄鱼。雄鱼虽小，但成年的小雄鱼所带有的几百万精子，足够使更大的雌鱼所带的卵全部受精。另外这些雌鱼与成熟的雄鱼都能交配。因此，它们小一点的时候是雄鱼，长大以后变雌鱼，不仅得到交配的双重机会，而且与那些从不变性的鱼类相比，又多产生一倍的受精卵，这对繁殖后代大有益处。

对动物界里频频发生的变性现象，还需要人类进一步的研究、探索。

自疗之谜

自然界的野生动物受了伤，得了病，谁能给它们治疗呢？动物们有自己给自己治病的本领。有些动物会用野生植物来给自己治病。

春天来了，美洲黑熊刚从冬眠中醒来，身体总是不舒服，精神状态也不好。它们就去找点儿有缓泻作用的果实吃，把长期堵在直肠里的硬粪块排泄出去。这样黑熊的精神就振奋了，体质也恢复了常态，开始了冬眠以后的正常生活。

在北美洲南部，有一种野生的吐绶鸡，也叫火鸡。它们长着一副稀奇古怪的脸，人们又管它们叫"七面鸟"。别看它们的样子怪，它们会给自己的孩子治病。当小吐绶鸡被大雨淋湿了时，它们的父母会逼着它们吞下一种安息香树叶，来预防感冒。

热带森林中的猴子，假如出现了怕冷、战栗的症状，就是得了疟疾，它们就会去啃金鸡纳树的树皮。因为这种树皮中含有奎宁，是治疗疟疾的良药。

贪吃的野猫如果吃了有毒的东西，就会急急忙忙去寻找黎芦草。这种带苦味、有毒的草含有生物碱，吃了以后会引起呕吐，野猫在又吐又泻后，病就慢慢地好了。看来，野猫还知道"以毒攻毒"的治疗方法呢。

在美洲，有人捉到一只长臂猿，发现它的腰上长着一个大疙瘩，人们以为它长了肿瘤，可仔细一看，才发现长臂猿受了伤，那个大疙瘩，是它自己敷的一堆嚼过的香树叶子。这是印第安人治伤的草药，估计长臂猿也知道它的疗效。

有一个探险家在森林里发现，一只大象在岩石上来回磨蹭，直到伤口上涂了一层厚厚的灰土和细砂。有些得病的大象找不到治病的野生植物，就吞下一些泥灰石。原来这种泥灰石中含钠、氧化镁、硅酸盐等矿物质，有治病作用。

温敷是医疗学上的一种消炎方法，猩猩也知道用它来治病。猩猩得了牙髓炎后，就会把湿泥涂到脸上或吃进嘴里以消炎。

动物自我治疗的本领，引发了科学家极大的兴趣。那么它们是怎么知道这些疗法的呢？现在还没有较为科学的解释。

肢体再生之谜

生物进化的过程，是一个"物竞天择"的过程。在大自然激烈的竞争中，生物具有了千奇百怪的本领，比如有一部分生物为了自卫，就像象棋中的"丢卒保车"一样，可以舍弃身体中的某一部分，然后从身体里重新长出被丢掉的部分，这着实让人惊叹不已。

在处于险境时，壁虎可以折断尾巴，让丢弃的尾巴迷惑进攻者，自己则逃进洞穴。而用不了多久，一条新的尾巴就从折断的地方长了出来。

还有海参，把内脏从肛门排出；留给"敌人"，倾肠倒肚，留下躯壳逃生，不多久，它们又再造出一副内脏。海星更是分身有术，因为海星是以贻贝、杂色蛤、牡蛎为食，所以它们是海洋养殖业大敌。从事养殖的人非常讨厌海星，捉到它们后常将其弄得粉身碎骨再投入大海，结果却适得其反，每一块海星碎块都繁殖出了新海星。

谈起动物界的再生之王，那就要属海绵了。海绵是最原始的多细胞动物，它们的再生本领是无与伦比的，如果把海绵切成许许多多的碎块，抛入海中，非但不能损伤它们的生命，相反它们中的每一块都能独立生活，并逐渐长大形成一个新海绵。即使把海绵捣烂过筛，再混合起来，在良好条件下，只需几天时间就可以重新组成小海绵个体。

研究动物的再生能力，无疑对探寻人的肢体再生途径有极大的启发，可是遗憾的是，至今人们并没有完全揭开动物再生之谜。

导航之谜

世界上许多动物有着奇异的远航能力。如生活在南美洲的绿海龟，每年6月中旬便成群结队地从巴西沿海出发，历时2个多月，行程2 000多千米，到达大西洋上的阿森松岛，在那里生儿育女以后又返回老家。2个月后小龟破壳而出，同样像它们的父母一样游回遥远的巴西沿海。

这种奇异的远航本领，鸟类可能更胜一筹。身长33～39厘米的北极燕鸥，每年在美国的新英格兰地区筑巢、产卵、育雏，到8月份便携儿带女飞往南方，12月份到达南极洲，到第二年春天，又飞回新英格兰，每年飞行距离达3.5万千米。

令人感兴趣的是，许多与人类有密切关系的家养动物，也有远途外出而不迷路

⬤ 北极燕鸥

的能力。这些动物是凭借什么来辨别方向、认识路线的呢？科学家们利用蜜蜂和鸽子所做的动物导航实验，已经初步揭开了这两种动物导航的秘密。著名的诺贝尔奖获得者、奥地利生物学家弗里希，曾在20世纪40年代，用一系列实验测出了蜜蜂的基本导航能力，证明了蜜蜂通常是利用太阳作为罗盘进行导航的。他指出蜜蜂以太阳作为参考点，通过"舞蹈"告诉其他蜜蜂如何到达它发现的花源地。

信鸽的实验，进一步证明了有些动物的远航是以太阳为罗盘进行导航的。科学家曾做过一个实验：将一群鸽子关在离家以西160千米的屋里，中午时打开电灯模拟黎明，然后放出鸽子，它们以为这是黎明，太阳在东方，但此时太阳却正好在南方，鸽子看到太阳后就根据太阳来导航而飞向南方，它们还以为这是向东方朝家飞呢。

蜜蜂和鸽子不仅在有太阳的时候能顺利导航，就是在没有阳光的阴天也能准确地返回自己的家园。因此可以推测，它们可能有另外一套导航系统。美国科学家沃尔科特曾做过一个实验，他给鸽子们带上一个小头盔，可以精确地控制每只鸽子飞行时的磁场。晴天

时鸽子均能正常返回，而遇到阴天，当控制头盔产生一个北极朝上的磁场时，鸽子就飞不回来；如果产生一个南极朝上的磁场时，鸽子又可直接飞回。这就证明鸽子是利用磁北极导航的。科学家们也通过实验发现蜜蜂对磁场很敏感。

科学家们的实验，虽然已初步揭示了蜜蜂和鸽子导航的秘密，但是太阳、星星的位置会随时间而变化，即使是地磁场的强度也会有变化。那么鸽子和蜜蜂是怎样根据变化而调整自己的导航行为，还需进一步研究。加上动物种类繁多，大西洋鲑、北极燕鸥以及黑脉金斑蝶等能远航的动物，是凭借什么导航的，这些都是尚未完全解开的秘密。

季节迁徙之谜

每年秋天，成群的大雁在高空排成整齐的队伍，向着遥远的南方飞去。到了第二年阳春季节，大雁又会沿着原路，准确无误地飞回来。这种依季节不同而变更栖息地的习性，叫做季节迁徙。有这种习性的鸟，叫候鸟。

▲ 大雁南飞

像大雁、燕子等都是候鸟。候鸟每年的迁徙时间、路线几乎不变，更奇特的是，有的候鸟，如金丝燕在第二年返回家乡时，还能找到它们往年住过的"老房子"，并在这座"房子"里一代一代地生活下去。

除候鸟外，有些昆虫也有迁飞习性。北美洲有一种体形美丽，被誉为"百蝶之王"的蝴蝶——君主蝶，每天秋天便成群地从北美向南飞行，行程可超 3 000 多千米。有些君主蝶在墨西哥、古巴、巴哈马群岛和美国加利福尼亚州南部过冬，到了第二年春天便逐渐向北迁移。它们在途中进行繁殖，产卵后自己就死亡了，孵化出的新一代君主蝶重新飞往南方过冬。

为什么有些鸟类和昆虫具有这种迁飞的本领？在迁飞过程中它们靠什么定向？这些问题是十分有趣和难解的。短距离飞行可以用视觉定向，但长距离飞行单靠视觉就不够了。

科学家推测，鸟类可能以太阳的位置作为定向的罗盘。如果是这样，那么它们必须补偿因太阳位置移动而引起的那部分时差。因此，科学家认为，候鸟体内可能有一种能够精确计算太阳移位的生物钟，能对白天的时间进行校对。那么夜间如何定向呢？一个非常合理的推论是：它们利用星星定向。可是没有星星的夜晚，它们仍照飞不误，那又是根据什么定向呢？因此有人认为，它们有可能利用地球的磁场、偏振光、气压、气味等来进行定向。

▲ 君主蝶

对于蝴蝶的季节性迁飞，科学家认为，可能同遗传因素有关。针对蝴蝶的季节性迁飞的研究才刚刚开始，科学家期待着更多、更有趣的发现。

探秘植物世界 →→

TANMI ZHIWU SHIJIE

　　距今二十五亿年前（元古代），地球上较早出现植物界的藻类和菌类，其后藻类和菌类一度非常繁盛。直到四亿三千八百万年前（志留纪），绿藻摆脱了水域环境的束缚，首次登陆大地，进化为蕨类植物，为大地首次添上绿装。三亿六千万年前（石炭纪），蕨类植物逐渐衰落，石松类、楔叶类、真蕨类和种子蕨类开始繁盛，形成沼泽森林。在距今一亿四千五百万年前白垩纪开始的时候，更新、更高级的被子植物就已经从某些裸子植物当中分化出来。进入新生代以后，由于地球环境变化因素，裸子植物也因适应性的局限而开始走上了下坡路。这时，被子植物在遗传、发育的许多过程中以及茎叶等结构上的进步性，使它们能够通过本身的遗传变异去适应环境条件，取得了更快的发展，分化出更多类型，到现在APGⅢ分类系统已经有了59个目、415个科。正是被子植物的花开花落，才把四季分明的新生代地球装点得分外美丽。

神奇的植物

植物的自卫本领

有人会想，植物不会走动，面对病菌、害虫和一些动物的进攻，不就坐以待毙了吗？其实不然，许多植物都有着高超的自卫本领。

● 皂荚树

有些植物披针带刺，使动物和人不敢随意触动它们，如玫瑰、月季、洋槐、皂荚树、仙人掌等；有些植物善于伪装，能变换自己的颜色和形态，使动物和人难于发现它们，如石头花、龟甲草等；有的植物会"招兵买马"，用自己产出的食品"雇佣"一些蚂蚁来保卫它们，如野樱桃树、蚁栖树等；有的植物会分泌大量黏液，使大部分昆虫望而却步，即使有害虫冲上来，也会被黏液粘住，因不得脱身而死，这类植物有捕蝇草、茅膏菜等。最厉害的是一些巧用"化学武器"的植物了。如漆树含有毒性的漆酚，夹竹桃含有大量的强心苷类物质，金合欢含有毒性很强的氰化物，箭毒木的乳汁含有致命的强心苷，毒芹会产生剧毒的毒芹碱……这些物质都能使来犯之敌轻则昏迷，重则死亡。更有狡诈者，如野生马铃薯受到蚜虫入侵时，会分泌出一种具有挥发性的物质 $E-\beta-$法尼烯，它正是蚜虫的报警信息素的主要成分，使蚜虫误以为危险降临而逃之夭夭。除虫菊是天生的"灭虫大王"，它们体内的除虫菊素能杀死多种昆虫，而对人、畜无害，可用来制作蚊香。植物的自卫本领还有很多，这里就不一一列举了。

植物的互助

植物王国中，有许多植物能和睦相处，互相帮助。例如大豆和玉米便是友好的邻居，大豆根部长有根瘤，其中的根瘤菌能固定大量的氮，能慷慨无私地为玉米提供氮肥资源，玉米则能分泌碳水化合物，为大豆的根瘤菌提供营养，互利共赢，共同生长。地衣植物是由单细胞藻类和真菌友好共生的典范，单细胞藻类可以进行光合作用制造有机物，供真菌利用，而真菌的菌丝又可以吸收盐分和水分供藻类享用，它们彼此照应，互利共生。蕨类植物中的满江红与鱼腥藻也是一对好朋友，鱼腥藻有特殊的固氮本领，给满江红提供氮源，而满江红则用自己制造的糖类等有机物去招待藻类，提供藻类需要的铵离子或其他含氮化合物，它们相依为命，合作得很好。檫树和杉树也是一对亲密的伙伴，檫树长有高大的树冠，为附近生长的杉树遮挡强烈的日光，而且檫树在冬季落叶，给大地盖上了一层厚"棉被"，保证了地温不致过低，又使得杉树在冬天里能享有充足的光照。檫树就像一位无微不至的"大兄弟"，默默地关心杉树的成长。杉树的根系发达，有助于保持土壤的疏松和养分的循环，以利于檫树的生长。

植物发光的奥秘

植物王国中还有一些会发光的树——夜光树。它们主要生长在非洲，十分奇特。它们在白天看上去与别的树没什么区别，可是到了晚上，它们全身会发出明亮的光，人们可以在树下看书，或做针线活，一点都不觉得暗。原来，这种树含有大量的磷，遇氧便会燃烧，发出荧光。我国的贵州省也长有一种珍奇的发光树。它们十分粗大，枝繁叶茂，每到夜晚，叶缘便会发出半月形的闪闪荧光，好似一弯明月，当地人都称它们为月亮树。这种树数量稀少，因此珍贵无比。

植物睡觉的奥秘

人和动物都要睡眠，以消除疲劳，恢复体力。有趣的是，有些植物也会"睡觉"，而且分为晚间"睡眠"和午间"睡眠"两种类型。植物学家认为，晚间"睡觉"的植物有利于生长，例如花生、合欢、含羞草等植物的叶子在夜

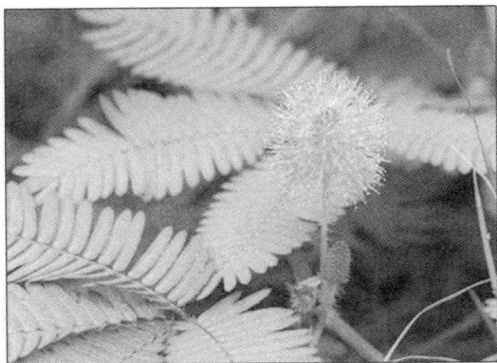

▲ 含羞草

间下垂或闭合，可以减少蒸腾作用，保证热量不致散失；而睡莲、郁金香等植物在夜晚将花瓣关闭，可以避免娇嫩的花朵被冻伤。因此，晚间"睡觉"的植物生长速度较快，生存竞争性更强。植物不仅会在夜晚"睡觉"，有的植物还有"午睡"现象，如小麦、水稻、大豆等。科学家们认为，引起植物"午睡"的最重要原因是高温。夏天的中午，天气酷热，温度极高，湿度极低，植物不得不加快蒸腾作用，渐渐地根部吸收的水分便不够用了。为了减少水分的散失，植物不得不逐渐关闭气孔，二氧化碳被拒之门外，光合作用严重受

阻，植物就会出现"午睡"现象。当然，植物的"午睡"还与其他一些因素有关。但不管怎样，光合作用降低的农作物，它们的产量也会降低，因此，科学家们正想方设法干预植物的"午睡"现象。

洗衣树

所谓的洗衣树，就是皂荚树。皂荚，又名皂角树，是落叶乔木，高可达30米；枝为灰色至深褐色；刺粗壮，呈圆柱形，常分枝，多呈圆锥状，长达16厘米。叶为一回或二回羽状复叶，长10～26厘米；小叶2～9对，为纸质，呈卵状披针形至长圆形，长2～12.5厘米，宽1～6厘米，前端急尖或渐尖，顶端圆钝，具小尖头，基部呈圆形或楔形，有时稍歪斜，边缘具细锯齿，上面有短柔毛，下面中脉上稍有柔毛；它们是我国特有的苏木科皂荚属树种之一，生长旺盛，雌雄异株，雌树结荚（皂角）能力强。皂荚果是医药食品、保健品、化妆品及洗涤用品的天然原料。

荚果汁为什么能洗衣服呢？经过分析，原来皂荚的荚皮中含有10%的皂角苷，因它们的作用像肥皂，又叫做皂素，能形成胶体溶液并能像肥皂一样产生许多泡沫，吸附衣服上的脏东西，供人们洗涤用。

能治疟疾的树

金鸡纳树是一种常绿小灌木，一般高3～6米。远望金鸡纳林，树叶红一层绿一层，互相交叠；夏季开白色小花，种子很小。金鸡纳树皮为什么能治疗疟疾呢？研究发现，它们的树皮里主要含有一种叫奎宁的生物碱。奎宁在人体内能消灭多种疟原虫的裂殖体，因而是治疗疟疾的药物之一；除此以外，金鸡纳的树皮还具有镇痛、解热和局部麻醉的功效。金鸡纳是热带树种，目前在我国台湾、广东、海南及云南等地已有栽培。

△ 金鸡纳树

笑 树

在非洲卢旺达首都基加利的植物园中，生长着一种奇怪的树。它们能像人一样发出"哈哈"的"笑声"，当地人叫它们"笑树"。笑树是一种七八米高的乔木，树干为深褐色，叶子呈椭圆形。引人注意的是，它们的每个枝权上都长着一个像铃铛一样的坚果。它们的果壳又薄又脆，长满了小孔，果内生有许多小滚珠似的皮蕊，能在里面自由滚动。每当风吹过，皮蕊就会在果壳内不停地滚动，撞击着果壳，发出开心的笑声。

植物中的"酿酒师"

南非有一种叫玛努拉的高大乔木，它们在雨季后开花结果，果实有些像李子，甘甜多汁。这种果实是大象的"佳肴"，但如果大象贪嘴吃了过多这样的果实，甘甜的果汁在胃中酵母菌的帮助下，便会酿出酒来，把大象醉得晕头转向。在日本的新潟县，有一株罕见的老杉树，白色的树汁里含有大量的糖分，当氧气不足时便会发生奇妙的转化，变成酒精，芳香醇厚，味道可口。在非洲的恰希河流域，生长着一种休洛树。它们常年分泌出芳香味美、含有酒精的液体。当地人在树上挖个小洞，美酒就会不停地流下来，人们举杯痛饮，别有一番滋味。人们都亲切地称它们为植物中的"酿酒师"。更奇妙的是，有一种竹子也会造酒。这是一种小青竹，生长在坦桑尼亚的大森林中。小青竹酿出的酒含酒精 30 度左右，而且口味纯正、清香怡人，是当地人珍爱的一种竹酒。而且取酒的方式也极其简单，只需将竹尖削去，将剩下的竹子插进酒瓶，第二天早上，便会有一瓶色白味美的竹酒出现在人们眼前。

植物中的"演奏大师"

非洲有一种会奏乐的树，叫做捷达奈。据说，瑞典的音乐家托马斯曾经有幸听过这种树演奏的"乐曲"，很受启发，创作出了《森林醉》歌曲，博得人们的一致好评。捷达奈怎么会演奏"乐曲"呢？原来，它们是一种落叶乔木，高大粗壮。它们的果实非常有特色，形状呈菱形，果壳薄而硬，前端有一个天然的小气孔，果内无肉，只有几颗坚硬的果核。果实硬茧老熟后，当风一吹过，果核就会不断撞击果壳，发出各种动听的声音；加上树多，果实也多，发出的音响交织在一起，就组成了美妙的"乐章"。同样有趣的是，在南美洲生长着一种笛树。它们的叶片呈喇叭状，末端有一个小孔，叶片的大小不一样，孔径的大小也不同。微风吹过，它们会发出低调的"笛声"；当大风疾吹时，它们会发出像许多笛子合奏的激昂"曲调"；而风雨交加时，它们又会发出咚咚的鼓声。人们经过观察，发现了其中的奥秘。原来，当风吹过叶上大小不同的小孔时，便会发出音调不一的响声，而且响声会随着风力的大小而变化。

龙血树

　　我国西双版纳的热带雨林中，生长着一种奇怪的树，当它们受伤之后，会流出一种紫红色的液体，就像出血一样，人们根据这个特点，把它们叫做龙血树。龙血树最初于非洲被发现，属于百合科，是一种常绿乔木。它们有 10 多米高，树皮很厚，枝丫很多，墨绿色的叶片呈长带状，像一把把锋利的宝剑集中于枝顶。龙血树是树木中著名的老寿星，据记载，非洲加那利岛上的最老的一株龙血树的寿命约 6 000 岁，令巨杉和猴面包树都甘拜下风，但在一场风灾中被毁。

　　🔺 流出紫红色液体的龙血树

　　龙血树流下的紫红色液体是一种什么东西呢？原来，这种"血"是龙血树渗出的树脂，具有特殊的香味，人们称其为"血竭"。现代研究表明，血竭中含有鞣质、还原性糖和树脂类等物质。它是一味名贵的中药，有利于止血和治疗跌打损伤。在古代，人们曾拿它包裹尸体，起到防腐的作用。此外，这种树脂还可作为油漆原料。虽然血竭的作用广泛，但我们不能盲目开采，应保护好龙血树的资源。

藻类植物和菌类植物

海中的"巨蛇"——巨藻

⬢ 巨 藻

在早期的航海历险中，许多水手声称见到了差不多有 500 米长的巨蛇。后来，经过调查，那根本不是什么巨蛇，而是一种巨大的海藻——巨藻。巨藻在植物学上属于褐藻门的低等植物，但它们是海洋中生长最快的植物。春、夏季节，水温适宜，巨藻每天可生长 30 ~ 60 厘米。它们也是海洋中身体最长的植物，一般长度为 70 ~ 80 米，有的可达 300 ~ 400 米，最长的可达 500 米。巨藻没有真正的根、茎、叶，只借助于基部的假根固着在海底。假根向上便是长长的"茎"了，它们的茎起初是向上浮，然后就在水面上拐来拐去，顺着海流的方向浮动。可以想象，当我们从船上看去，怎能不怀疑见到的是一条巨大的海蛇呢？巨藻的经济价值颇高，据科学家介绍，从巨藻中提纯的纯钾，可占其重量的 1%。巨藻含有丰富的维生素和氨基酸，营养丰富。它们还是珍贵的工业原料，可用于造纸、纺织、金属加工等工业。美国的科学家对巨藻进行分解、发酵，从中获得了大量的沼气，成为一种价廉物美的新型绿色能源。巨藻还是天然的海岸防波堤，其强大的生命力和坚韧的结构能够在一定程度上抵御汹涌的海浪。巨藻是大自然赋予人类的宝贵财富。

红海束毛藻

人们的意识中，大海应该是蓝色的。可是，在亚洲和非洲之间的海水却是红色的，这就是著名的"红海"。那么，是什么把海水染红了呢？原来，这是红海束毛藻捣的鬼。它们是蓝藻家族中的成员，个头很小。它们的身体是

⬥ 赤潮现象

由许多藻丝聚集而成的束状藻团，体内含有较多的红色素。当它们大量繁殖时，就把那碧蓝的海水"染"成了红色，形成了所谓的赤潮，红海就是这样形成的。在我国的南海和东海也经常有赤潮出现，

知识小链接

蓝 藻

蓝藻是原核生物，又叫蓝绿藻、蓝细菌；大多数蓝藻的细胞壁外面有胶质衣，因此又叫黏藻。在所有藻类生物中，蓝藻是最简单、最原始的一种。蓝藻是单细胞生物，没有细胞核，但细胞中央含有核物质，通常呈颗粒状或网状，染色质和色素均匀地分布在细胞质中。该核物质没有核膜和核仁，但具有核的功能，故称其为原核（或拟核）。在蓝藻中还有一种环状 DNA——质粒，在基因工程中担当了运载体的作用。

严重时海水也被"染"成淡红色，常给在海水中生活的动植物带来灭顶之灾。原来，漂浮在海上的红海束毛藻经过大量繁殖后，接着就会大量死亡，死亡的藻体会分解出硫化氢等毒素，将水中的动植物毒死。所以，赤潮的出现，是大自然向人类发出的警告。

藻类珍品——发菜

发菜是非常珍贵的食品，通常出现在豪华的宴席中。它们味美可口，被视为补品，很多人喜欢吃。现代研究表明，发菜的蛋白质含量比鸡蛋和肉类还高，此外还含有丰富的维生素和矿物质。发菜除供食用之外，还有助消化、清肠胃、降血压等多种功能，可用于治疗高血压、妇女病等多种疾病。发菜的用途如此之多，难怪人们视其为珍品呢。发菜是一种野生的陆生藻类植物。它们看上去像一团乱发，每根又细又长，相互缠绕在一起，所以常被称为发藻，并因它们可食，故名发菜。在显微镜下观察，可以看出那些"长发"是由许多圆圆的细胞一个连一个组成的，外面包着胶质鞘，形成胶质的块状或球状物。发菜在潮湿时呈蓝绿色或橄榄色，当它们干燥时却变成了棕黑色。发菜在我国主要分布于内蒙古、宁夏、新疆、青海等地，其中以内蒙古为主产区。发菜有固氮作用，能增进草原土壤肥力，促进牧草生长，还对流沙有固定作用。

天然催泪弹——马勃

南美洲的热带丛林中，散布着一些天然生长的"地雷"。如果你一不小心踏在它们的上面，它们便犹如地雷爆炸一样，黑烟四起，让你涕泪直流，喷嚏不止。这些丛林中的"地雷"便是马勃——一种真菌，又被人称为"天然催泪弹"。南美洲的马勃个头很大，呈扁球形，像一个个大南瓜躺在地上。当地的印第安居民曾经利用马勃爆炸后腾起的黑烟使侵略者狼狈不堪，然后乘机消灭他们。那么，这些黑色的烟雾是什么东西呢？原来它们是用于繁殖

△ 马 勃

的孢子粉，一经踩破，便喷发出来。由于它们对人的眼睛、鼻子和喉咙有刺激作用，常使人们不堪忍受，而远远躲开它们。我国的热带和温带地区也有马勃生长，只不过个头偏小；东北密林中的马勃一般只有乒乓球大小。初生的马勃肉质细嫩，呈白色，鲜嫩可口，可以当菜吃。成熟的马勃可作为药物，用于止血、消炎等。

苔藓和蕨类植物

走遍世界的"旅行家"——葫芦藓

葫芦藓是一种十分矮小的苔藓植物，只有 1~3 厘米高。它们的茎很短，长舌状的小叶密集簇生在茎顶，呈现鲜绿色，干燥时小叶皱缩，湿润时小叶挺立。每到春天，葫芦藓的小枝顶部就会长出一根长丝，顶端挂着一个"小葫芦"，植物学家叫它孢蒴；孢蒴上面还有一个盖子，叫蒴盖。孢蒴中装满了孢子，孢子成熟后，蒴盖便会打开，孢子便会散发出去，落在土壤上长成新的小葫芦藓。别看葫

芦藓长得小，生命力却很强，它们遍布于全世界。在平原、山岗、花园、水沟旁都有它们的身影，甚至在花盆中，有时也会长出绿油油的葫芦藓。葫芦藓还有一个特性，就是特别喜欢在火烧过的土壤中生长，因为那里有它们需要的氮肥和丰富的有机质。它们还很团结，常常群聚在一起生长，很容易被人发现。

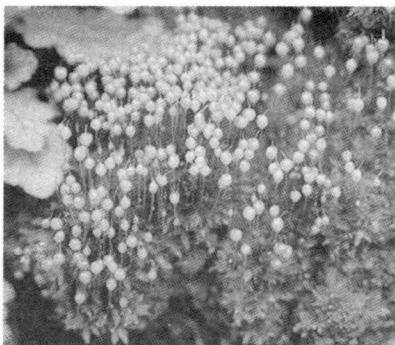

△ 葫芦藓

蕨中"活化石"——树蕨

树蕨又名桫椤，是蕨类植物中最高大的成员。大约在2～3亿年前，地球上的陆生蕨类植物发展得十分迅速。在这期间，出现了许多躯体巨大的蕨类植物，例如封印木、鳞木、芦木、树蕨，它们丛生成林。可是到了中生代末期，由于气候变得十分干燥，它们中的大部分都灭绝了。桫椤主要生长在热带和亚热带地区，一般高1～6米，我国福建、广东、台湾、贵州、四川、云南等省均有分布。

△ 树蕨顶部长有一片片巨大的绿色羽叶

树蕨茎干粗壮，笔直向上无分枝，坚实的纤维质树干中没有实心木质。树干顶部长有一片片巨大的绿色羽叶，分两行或数行排列，仿佛一顶撑开的绿色巨伞。叶子的背面分布着许许多多的黄点，那是树蕨用来繁殖后代的孢子，在每个孢子中孕育着小树蕨的生命。每棵树蕨能产生几十亿个孢子。成熟以后的孢子被风吹散，遇到合适的环境就可长成小树蕨。树蕨叶片长 1 ~ 3 米。树蕨造型优美，姿态别致，现在已成为珍贵的园林观赏树木。

满江红

满江红又叫绿萍或红萍，是漂浮在水面生长的一年生小型蕨类植物。它们的茎很细，有许多羽状分枝，每个分枝有 5 ~ 6 片卵形小叶。它们的叶片如芝麻大小，通常分裂成上下两片，在春天和夏天呈现绿色，到了秋天则变成红色。满江红的茎下长有许多须根，纤

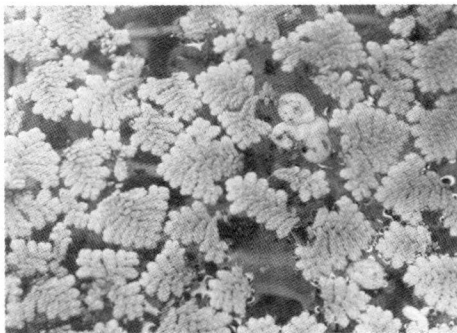

△ 满江红

细柔软，垂悬水中。在它们的叶片中有一卵形的空腔，里面生长着一种叫做鱼腥藻的蓝藻。鱼腥藻有特殊的固氮本领，能固定空气中的游离氮，供满江红作氮源；而满江红则用自己制造的糖类去招待藻类，以作碳源，所以说，它俩是一个相依为命的共生体。满江红长大后，分枝就会和母体分离开来，长成新的个体。因此，它们繁殖速度很快，常常覆盖大片的水域。满江红含氮量高，是一种理想的家畜饲料，还可以作为一种绿肥使用。

裸子植物

植物中的"活化石"——银杏

银杏是我国特有的珍稀树种。在 2 亿多年前，它们是遍布世界的树种。第四纪初，北半球发生了巨大的冰川运动，欧亚和北美的银杏全部灭绝，亚洲的银杏也濒于绝种。毁于冰川的银杏都变成了化石。我国西南、华中等地区，由于一些地方地形复杂，生长在这里的银杏幸存了下来。因此，银杏有"活化石"之称。银杏是落叶乔木，属于裸子植物，雌雄异株。由于它们结出的籽实在成熟后为黄色，其样子酷似杏，

● 银 杏

加之最外面又有一层白粉，所以人们称之为银杏。银杏树的叶子好像一把把小巧玲珑、青翠莹洁的小折扇，螺旋排列在长枝上。如果将银杏叶柄与叶片成直角折起，其形状酷似鸭脚，所以人们也称之为"鸭脚树"，又因其生长缓慢，爷爷种树，孙子采果，而得名"公孙树"。银杏树具有很高的经济价值，它们的叶子提取物可以用来防治心血管病、防治害虫，树木可以美化城市等。

植物中的国宝——水杉

△ 水 杉

1941 年以前，科学家只在中生代白垩纪的地层中发现过水杉的化石。1941 年于铎教授在我国发现仍存活的水杉，引起了世界的震动。水杉高大挺拔，树形优美，笔直的树干四周围绕着粗粗细细的枝条。在每根最小的枝条两旁，都排列着两行整齐的小绿叶，它们与小枝条长在一起，看上去仿佛一张张叶片，也像一片片柔软的绿色羽毛。水杉与其他裸子植物不同，到了冬天，它们的叶片连同小枝全部脱落，第二年春天再重新萌发。水杉的适应力很强，生长迅速，是荒山造林的良好树种。水杉经济价值极高，其树心呈紫红，材质细密轻软，是造船、建筑、架设桥梁、制造农具和家具的良材，同时又是质地优良的造纸原料。世界各国很多著名的植物园都从我国引种了水杉。目前在地球上，如位于美国北方的阿拉斯加，和位于赤道的印度尼西亚都有它们的踪迹。作为我国遗存的古代植物之一，水杉正焕发着绚丽的青春。

长寿树——柏木 ▌▌▌▌

柏木是一种高大的常绿乔木，属裸子植物。它们的树干笔直，幼树的树皮呈红色，老树的树皮变成灰色，小枝细长扁平，排成一平面。整株植物像一座绿色的宝塔，十分秀丽。柏木的叶长得很别致，就像许多细小的绿色

○ 柏　木

鱼鳞，一片一片连接起来，也很像房屋上一块盖着一块的瓦片。它们的雌花和雄花同长在一棵植株上，球形的小花单生于小枝的顶端。花开过后，结出球形的小果，要在第二年的夏天才能成熟，真是一个"慢性子"。不但如此，它们的生长过程也十分缓慢，长了许多年后仍旧很矮。我国有许多高大的古柏，它们都有上千年的历史，所以柏木也是一种长寿树。柏木还有许多兄弟姐妹，它们形态各异，有的枝条是圆形的，有的枝条是方形的，有的小叶像小船，有的小叶像尖刺，都是美丽的树木。柏木的木质优良，是建筑和造船的好材料；种子可榨油；球果、根、枝叶等均可作药用。

三代果——香榧 ▌▌▌▌

香榧是一种常绿乔木，属于红豆杉科。它们长得很像杉树，姿态美丽。香榧的小枝条长得很有趣，有的一对一对长在粗枝两侧，有的几个一圈围在粗枝上。枝条上的叶排成两列生长，又尖又硬，叶的下面有两条与中脉等宽的黄白色气孔带。香榧树分为雄树和雌

树，雄树只管开花，不结子，雌花既开花又结子。种子呈椭圆形，假种皮为淡紫红色。香榧的种子要历经3年才能成熟，因此，一棵树上结着3种不同大小的种子。第一年的种子有米粒大小，第二年的种子有黄豆大小，第三年的种

⬤ 香榧有橄榄大小的种子

子有橄榄大小，真可谓三代同堂，难怪有人称它们为"三代果"。香榧主要分布于我国江苏、浙江、福建、湖南等省。它们的种子炒熟后可食，香脆可口，还能驱肠道寄生虫；叶和假种皮可提炼香榧油，可做化工原料；树干材质优良，是造船、修桥的好材料。

"长白山美人"——长白松

　　我国东北的长白山上，长有许多珍稀的树木，长白松便是其中著名的骄子。长白松身材高大挺拔，下部枝条很早就已脱落，侧生枝条一轮一轮地集生在主干的顶部，向四周伸展；整个树冠绮丽、开阔，犹如一座圆塔。长白松树干下部呈棕黄色，上部呈金黄色，浑身布满鱼鳞状的斑纹，鲜艳夺目，格外美丽。有趣的是，长白松长到一定高

⬤ 长白松

度时，优美的树冠便会向一侧弯曲，犹如羞涩的少女，等待远方的来客，难怪当地人给它们起了一个动人的名字——美人松。长白松不但姿容秀丽，而且寿命较长，通常都有几百岁的历史。它们质地轻软，纹理顺直，抗酸碱，耐腐蚀，是造桥、制作家具的优良木材。长白松适应性强，在贫瘠的火山灰上也能很好地生长，而且耐寒、耐高温，是不可多得的珍贵树种。

"白衣剑客"——白皮松

白皮松是我国特产的一种松树。它们一般有 20 多米高，体形古雅而奇特。我们常见的松树的树皮都是灰褐色的，而白皮松与众不同，它们的树皮是粉白色的，一片一片地粘在树干上，既像虎皮，又像蛇皮，所以人们也称它们为虎皮松或蛇皮松。这些树皮极易脱落，露出淡白色的树干，所以还有人称其为白骨松。白皮松的针叶也很特别，其他松树的针叶是 2 根或 5 根长在一起，而

● 白皮松

它们却是 3 根针叶长在一起，这在松树族中是极少见的。以前只有中国才有白皮松，18 世纪中叶被英国人引种到伦敦。因为它们身穿白色"外衣"，树姿典雅而奇特，所以人们都很喜欢它们，常把它们栽种在古寺、公园、庙宇里，成为一景。白皮松除了可以观赏外，其木材质地坚硬，是制作家具的好材料。它们的种子可以食用，味

美甘香，还可以榨油呢。

"空气清洁员" ——罗汉松

● 罗汉松

罗汉松虽然称为"松"，却与常说的松树不是一家子。平时我们说的松树属于松科，而植物学家却把罗汉松划进了罗汉松科，这是有原因的。罗汉松是高大的常绿乔木，分布在我国江南的许多省份。它们一般有十几米高，树皮呈灰色或灰褐色的，叶条线状，长十几厘米，5月开花，雌雄异株。罗汉松最有趣的地方是它们那未成熟的种子，绿油油的，就像一颗颗光溜溜的人头；下面有红色的种托。整个果实看上去就像一尊尊身着红色袈裟的罗汉，所以人们叫它们为罗汉松。果实成熟后，种子的种托都变为紫红色。罗汉松树形优美典雅，是装饰庭院的理想树种。它们的木材致密，富含油脂，防腐防虫，是制造各种器具的优良材料。此外，罗汉松还有神奇的本领，它们会吸收空气中有毒的气体，而且这种本领比所有的柏树、松树和杉树都强，是名副其实的"空气清洁员"。

"风景树中的皇后"——雪松

雪松在北京也叫香柏，属于松科，是世界五大庭园树木之一。它们一般能活 1 000 岁以上，因此也是一种长寿树。雪松高可达 60 米，主干下部有许多大树枝向四周扩展，整个树冠形状像一座大宝塔，壮观雄伟。雪松的球果很大，有 7～10 厘米长，而它们的种子却又小又轻，两者相差悬殊。种子上长着很大的种翅，能够散布到较远的地方。雪松的品种很多，有大枝下垂的垂枝雪松；有叶呈金黄色的金叶雪松；有叶

◎ 垂枝雪松

呈银灰色的银叶雪松等。在寒冷的冬天，厚厚的白雪压在雪松上，与翠绿的松叶和挺拔的树干交相辉映，构成了一幅壮观的青松白雪图，难怪人们赞誉它们是"风景树中的皇后"。雪松广布世界各地，是人们装点公园、庭院的良好树种。它们木材坚实，防湿防腐，具有芳香的气息，是造船、建筑、制造家具的上等用材。它们的木材还能提取雪松油，是天然的防虫剂。

被子植物

高原上的"鞭炮"——毛子草

　　毛子草生长在我国西藏、云南、贵州、四川的高海拔地区，印度、尼泊尔等国也有分布。它们是紫葳科的一种直立生长的草本植物，常生长在干热河谷、山坡灌木丛中。它们长着许多片大叶子，上面侧生小叶 2～6 对，小叶呈披针形，整个大叶片

● **毛子草的粉红小花**

就像深绿色的羽毛在风中舞动。它们的花序长在茎顶，上面着生有 5～20 朵花；花梗长 1～2 厘米；花色有粉红、鲜红、淡紫和淡黄等。每当花朵盛开时，犹如一串串五颜六色的鞭炮挂在山崖上，煞是好看。它们的果实呈长圆状卵形，长 8～20 厘米，种子很小，呈淡褐色，两端生白毛。毛子草不仅外形优美、花色艳丽，而且非常耐寒，能在高寒地区顽强地生长，具有很高的药用价值。

古怪的植物——巨魔芋

　　巨魔芋是天南星科的植物。这是一种古怪的植物，在苏门答腊密林中一些潮湿的低洼地里可以发现它们的踪迹。未开花的巨魔芋个子并不高，但它们的地下块茎的直径有半米，从块茎上抽出一枝

粗壮的地上茎。它们生长到一定时期后，便从茎的顶端抽出一个特大的肉穗花序。它们的花序的下部隐藏在佛焰苞中，苞片内为红色，外为深绿色。在大花序上密布着许多黄色的雄花和雌花，但它们的花并不芳香，而是散发出令人恶心的臭味。巨魔芋可超3米，比人还高。整个花序和下面的茎连起来，看上去极像一座巨型烛台。巨魔芋花序初出时，生长很快，每日可长高十多厘米；半月内长足开花，只开一日就萎谢。由于小花藏在苞内，很多人误认为整个花序为一朵极大的花。

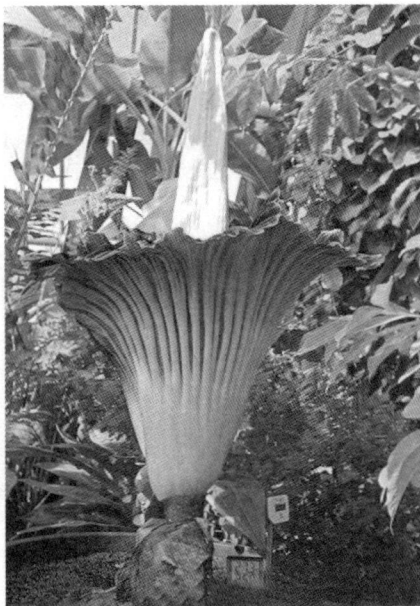

▲ 巨魔芋

食虫植物——猪笼草和瓶子草

大家知道，动物吃植物，似乎天经地义；可是，大家未必就知道，在自然界中居然有些植物会捕食动物，这就是食虫植物。

猪笼草是较有代表性的食虫植物，此类植物属于猪笼草科猪笼草属，同属有100多种，大多数生活在印度洋群岛、马达加斯加、印度尼西亚等热带森林里，我国海南、广东、台湾及云南等省也有分布。猪笼草是半木质性的蔓生植物，有3米多高。叶子互生，叶片宽大，叶片的尖端延伸出细而长的叶梗，叶梗末端生出一个囊状物，好像小瓶子一样。每个"瓶子"口上都有一个小盖，能开能关。这些"小瓶子"就是它们的捕虫武器，由于看上去很像猪笼，所以人们叫它们猪笼草。有趣的是，猪笼草的"瓶盖"平时半开，"瓶口"和"瓶盖"同时分泌又香又甜的蜜汁，一些上当受骗的飞虫兴致勃勃地落在瓶口去吃蜜。由于瓶口很滑，飞虫一不留神就会掉进瓶里，这时"瓶盖"马上自动关闭，飞虫即使全力挣扎，也无济于事了。过一段时间，虫子就被瓶里的消化液分解了。猪笼草的种类很多，捕虫瓶的大小也不一样。据说有一种猪笼草，它们的捕虫瓶有 30 多厘米长，不仅能捕捉昆虫，甚至还能捕食小鸟和小鼠。猪笼草不仅是美丽的观赏植物，而且可以入药，治疗肝炎、胃痛、高血压等病。

▲ 猪笼草的捕虫武器

会捕虫的水生植物——狸藻

狸藻为一年生的沉水草本植物，多分布于水流缓慢的淡水池沼中。它们的根系不发达，茎又细又长；叶轮生，羽状复叶，分裂为无数丝状的裂片，在裂片基部散生着由叶片变成的球状捕虫囊。捕虫囊的构造十分有趣，很像南方渔民捕捉鱼虾用的鱼篓子，在开口处有一个只能向里开的"盖子"——膜瓣，当囊体成熟后，盖子会打开，分泌出甜甜的汁液。有些小虫子经不住捕虫囊开口处分泌的甜甜的汁液的诱惑，在附近吸食，碰到捕虫囊开口周围的感应毛时，捕虫囊会迅速鼓起，形成一股强大的吸力。同时，捕虫囊开口处的膜瓣会像盖子一样打开，小虫子便随着囊口周围的水流进入囊中。由于狸藻不会分泌消化液，所以要等到小虫子们饿死后才能吸收，这便是狸藻"吃"虫的妙招。

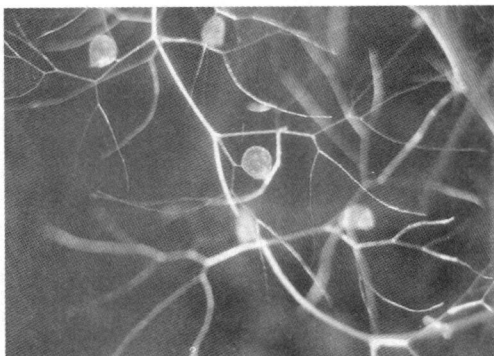

▲ 狸　藻

等到所捕获的小虫子被消化吸收完后，"盖子"会重新打开，将囊中的水和猎物的残体挤出，为下次捕捉小虫子做好准备。狸藻在全世界均有分布，它们属于狸藻属。狸藻属是食虫植物中最大的一个属，且大多数都是水生的，但也有一些陆生种类。如南美洲的森林里，有些狸藻生长在枯枝落叶上，有些狸藻生长在苔藓上。

土壤中的"隐士"——肉苁蓉

肉苁蓉是藏在土壤中的"隐士"。虽然它们是有花植物，却愿意深居地下，与泥土为伴。原来它们有自己的打算，它们会偷偷地寄生在别的植物的根上，而不会被发现。由于长期吸收别人的营养，它们的

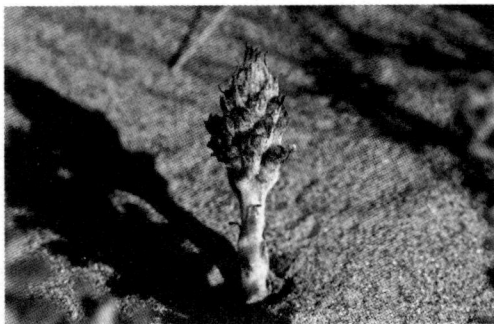

▲ 肉苁蓉

叶子已完全退化，呈小鳞片状，完全失去了光合作用的能力。它们

有肥大的肉质茎，贮存着充足的水分和养料。每年夏天，肉苁蓉会长出粗壮肥大的花序，序上生有很多又大又好看的紫花。然后产生数万颗细小的种子，撒落在土中，寻找新的寄主。一旦它们发现了合适的植物根，便会毫不客气地粘上去，开始窃取养料。肉苁蓉开花几天后便会死去，但它们的种子在地下可寄生数年之久。肉苁蓉喜欢生长在干旱的沙漠中，主要分布在我国内蒙古、甘肃、新疆等地区。它们有滋补的功效，是一种著名的补药。

喜欢攀缘生长的花——凌霄

⬆ 凌 霄

凌霄属于紫葳科，是一种落叶木质藤本植物。它们的身体弯弯曲曲，攀附在其他植物身上；茎干上有许多小气根，只要一碰上别的植物，就紧紧缠住，不肯松开。它们的叶对生，奇数羽状复叶，小叶7~9枚，叶缘有规则的粗锯齿。它们在夏天开花，每枝通常有10余朵花，形成圆锥状聚伞花序；花开时枝梢继续生长延伸，新梢又生新花，可以一直开到深秋。凌霄花为橙红色，上面有一些深红色条纹，花冠5裂，好像美丽的小喇叭。凌霄在8月结出豆角状的蒴果，10月成熟，蒴果自动裂开，散飞出带翅膀的种子。凌霄花古朴典雅，秀丽端庄，十分惹人喜爱。人们常把它们种在高大的棚架下，任其随意向上攀爬，几年过后，棚架便成了凌霄花的天下，既美丽，又遮阴。

脾气倔的攀爬植物——紫藤

紫藤是一种豆科大型木质藤本植物。它们的茎干粗实，善于攀爬，常常在棚架上缠来绕去，不断伸展着枝条，而且枝叶繁密，可构成大面积的浓荫，在盛夏里献给人们一个清凉的世界。紫藤花十分美丽，许多淡紫色的小花集生在一个大花序上，犹如

△ 紫 藤

挂在树上的一串串紫葡萄，可爱诱人。在这些垂悬的大花序上，老花谢了，新花又开，交替出现，美不胜收。紫藤喜欢阳光，不畏寒冷，是我国布置庭园荫棚较为著名的植物。一株紫藤经过一段时间的生长后，便能形成一个绿色的世界，所以常被人们种在花棚、凉亭或院落中。紫藤的枝条可用来编造高级工艺品；整株植物还可制成盆景，或者切花；茎、皮、花、果皆可入药，有解毒、祛虫、止吐泻的功效。

魔鬼之花——罂粟

罂粟也叫大烟花，是一种两年生草本植物。它们枝干呈绿色，光滑无毛，椭圆形的叶片围抱着茎干，叶缘上通常布满锯齿。罂粟的花很大，单生于细长的花梗上，花蕾弯曲，开花时才挺直向上。罂粟花有 4 个大花瓣，围绕着中央的花蕊，花瓣有白、红、紫等多

种颜色，非常漂亮。它们结的果实很有趣，像一个个椭圆形的小罐子，上面还有盖，里面装着满满的种子。在罂粟未成熟的果实中，含有一种白色乳汁，经过干燥、凝固，成为众人皆知的鸦片。有些见利忘义的人常把它们制成毒

○ 罂粟

品，供人吸用。经常吸鸦片烟的人会上瘾，中毒越来越深，还会患上各种严重的疾病，而且上了瘾的人为了得到鸦片，往往不择手段，最后弄得倾家荡产，苦不堪言。因此，罂粟可谓"魔鬼之花"，许多国家严禁人们种植罂粟。

牧草中的"蛋白质工厂"——苜蓿

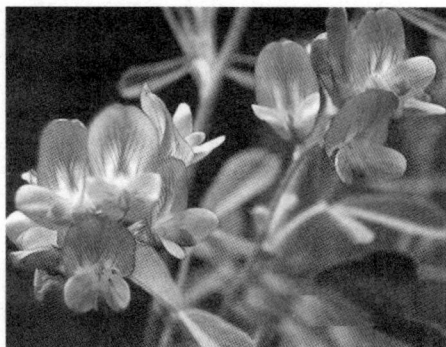

○ 紫花苜蓿

苜蓿是一年生或多年生豆科草本植物。它们是一种优良的牧草，号称"牧草之王"，栽培历史悠久。全世界苜蓿品种繁多，其中紫苜蓿和南苜蓿最为出名。紫苜蓿是多年生草本，多分枝，高30～100厘米，叶具3小叶，花呈紫色。它们的蛋白质产量在所有牧草中是

名列前茅的，种子含油 10% 左右，为优良的饲料植物，现在广布于世界。南苜蓿的茎稍软，匍匐或稍直立，高约 30 厘米，基部多分枝，叶也具小叶，花呈黄色。它们的氮、磷、钾含量比紫云英还高，主要用作绿肥和牲畜饲料，其嫩叶也可供人食用，我国多个地区都有分布。苜蓿家族中还有一些成员，如小苜蓿、野苜蓿、天蓝苜蓿等，都可作牧草和饲料。苜蓿营养价值极高，除富含蛋白质外，还有多种维生素和脂肪酸。另外，它们有极发达的根系，能与根瘤菌共生，产氮量颇高，能够改善土壤，提高土地的肥力。

能提取矿物的植物——紫云英

紫云英对硒格外喜爱，它们能从土壤中大量吸收硒，并积累在体内。于是，人们种植紫云英，割下晒干后烧成灰，从灰中提取硒，既省钱，又省力。紫云英是豆科草本植物，通常高 30～35 厘米。它们的根十分粗壮，呈圆锥形，复叶呈羽状，花色由淡紫色到紫红色，

⭕ 紫云英

偶见白色。每年春末夏初是紫云英的开花季节，花香四溢，引来无数的蜜蜂争相采蜜。紫云英蜜也以甘醇芳香享誉中外。紫云英无论是干草还是鲜草都营养丰富，含有大量的蛋白质、脂肪、淀粉以及多种微量元素等，因此是一种优良的饲料。它们的含氮量也极高，所以又是一种宝贵的绿肥。紫云英喜爱温暖湿润的气候，在我国南方分布广泛。

围海造田的能手——大米草

大米草是禾本科多年生草本植物，是欧洲海岸米草和美洲互花米草杂交产生的"混血儿"。它们的耐盐力极强，生长快、密度大，植株高，具有迅速巩固海滩地的高超本领，被誉为攻占海滩的"尖兵"。在荷兰人围海造田的壮举中，大米草发挥了不可忽视的作用。

⬤ 海边的大米草植被

世界上的许多国家纷纷引种，我国也在 1963 年把大米草请入国门。大米草有促淤、消浪、滞流的作用，对于围海造田、保护堤岸有着重要的意义。它们的茎叶嫩绿，营养丰富，是家畜和鱼类爱吃的饲料。而且在围海造田后，大米草会默默无闻地死去，变为肥料，改良土壤。大米草还是理想的造纸原料。

细菌"杀手"——天麻

初见天麻的人可能会感到惊讶，因为它们既不长根，也不长叶，这对于一种植物来说，是不可思议的事。那么，它们是如何成活的呢？原来，天麻喜欢在腐烂的树根和树叶旁边生活，在这种环境里常常生活着一种叫做蜜环菌的真菌，它们能寄生在多种植物上。可天麻不但不怕它们，而且对它们情有独钟，原来当蜜环菌的菌丝大量进入天麻茎里的时候，会被天麻体内的一种叫做溶解酶的物质分解，分解后的营养物质进而被天麻吸收，所以，天麻没有根和叶，照样会长高变粗。天麻的茎有半米左右，上面开满了红色的花，远看很像一支支红色的箭，所以，天麻也叫赤箭。现在，人们知道天麻是一种食菌植物，也了解它们的许多生活特性，故而常用人工培养的蜜环菌拌种天麻，实现天麻的人工种植。天麻是一种名贵的中药，具有多种药用功效，对人类的健康很有益处。

⚫ 天　麻

会跳舞的草——舞草

我们知道动物与植物的最明显区别在于大多数动物会移动，而大多数植物不会移动。可是在我国西双版纳有一种奇妙的植物，即使在无风的日子里，它们的叶片也会迎着太阳翩翩起舞，人们称之为"舞草"。这可以说是

⚫ 舞　草

植物界中的一大奇观。舞草是豆科植物，为多年生的小灌木。舞草的茎上交互生长着复叶，每片复叶由 3 片小叶组成，顶端的叶子最大，两侧的叶子非常小。平时，中间的大叶只作摇摆运动，而两侧的小叶可作回转运动，在强烈的阳光下动作幅度更大，宛如舞蹈家

轻舒玉臂，又如体操运动员在做精巧的平衡动作，令人叹为观止。那么，舞草为什么会"跳舞"呢？原来在阳光和温度的刺激下，叶柄的叶座细胞内涨压发生变化而引起海绵体间断性收缩和舒张，导致了叶片的舞动。科学家们认为这种舞动可以使舞草躲避阳光而减缓水分蒸发的速度，同时使侵犯它们的动物产生畏惧，避而远之，所以这种"舞蹈"对于舞草的生存有着重要意义。舞草不仅可以观赏，而且可以入药，用于筋络不通、痰火壅盛等症。

莲中之王——王莲

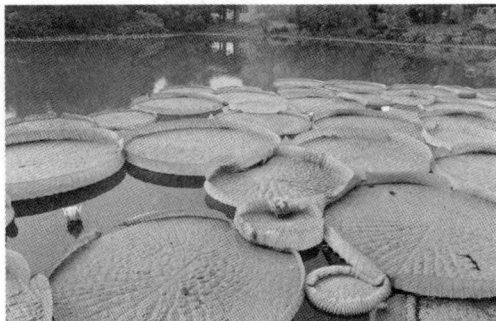

▲ 王　莲

在南美洲的亚马孙河流域，生长着一种世界闻名的莲花——王莲。它们的叶子四边往上卷，像一只只大平底锅，直径有 2 米多。在王莲叶上，即使站上一个个 35 千克重的孩子，它们也会稳稳地浮在水上；就是在它们的叶面上平铺一层 75 千克的沙子，叶子也不会下沉，所以人们称它们是"水上花王"。王莲叶片对着太阳的一面呈淡绿色，非常光滑；而面朝水底的一面却是土红色的，密布着粗壮的叶脉和很长的尖刺。这些尖刺是它们的防身武器，可防止水中的小动物爬上叶面去啃嚼。王莲花的样子同睡莲花差不多，但要比睡莲花大得多，其花瓣边缘洁白如玉，中间鲜红，散发出阵阵的清香。王莲是水面开花，水下结实，每颗果实内含有三四百粒种子，大小如同玉米粒，还可以磨出淀粉当粮食吃，可与玉米媲美。因此，它们又有

"水中玉米"的美誉。我国已引进这种花，我们在国内也能领略到它们的风姿了。

沙漠的"花衣"——生石花

在非洲南部和西南部的热带沙漠中，生长着一种叫生石花的植物。生石花肉质多汁，长得和石块很相似。它们的形状呈椭圆形，颜色有灰棕色、灰绿色等，再加上天然的色泽、纹理和斑点，使它们酷似一块块半埋土中的小石头。它们与真石头混杂

△ 生石花

在一起，会让人难以分清哪些是真石块，哪些是假石块，就连一些食草动物也不免上当受骗，错过食用它们的机会，所以人们形象地称之为"有生命的石头"。生石花虽然伪装得巧妙，但也有暴露"身份"的时候。当生长到一定时期，它们就会开放出金黄色的花朵，形状很像野菊花，美丽动人，只是花期太短暂，只能维持一天。在生石花开放的时候，整个沙漠像穿上了一件"大花衣"，漂亮极了。生石花的身体里贮藏着大量的液汁，这同它们的体形一样，都是长期适应干旱环境的结果。

傲冰斗雪的英雄——雪莲 ||||

⬟ 雪　莲

我国新疆的天山山脉和西藏的喜马拉雅山脉区域，在海拔 4 000 米以上的终年积雪地带生长着一种珍奇的植物——雪莲。它们不怕狂风暴雪，竞相开放，美丽的花朵给皑皑雪山带来了生机。雪莲是菊科风毛菊属的多年生草本植物。它们的地下根粗壮而坚韧，深深地扎在地下，任凭风吹雪打，毫不动摇。结实的茎上密生着革质的羽状叶子，茎顶是由十多张淡黄绿色的大苞叶包围着的鲜花，看上去犹如盛开的莲花，故名雪莲。雪莲全身都长着密密层层的白色棉毛，甚至在花苞上也密生着茸毛，好像穿了一件"棉大衣"。这件"棉大衣"既能阻挡高山辐射光线的侵害，又保证了其能够抵御寒冷，从而生长、发育和繁殖后代。雪莲花是珍贵的药用植物，一般在夏季初开时采收。雪莲具有活血通经、散寒除湿等功效。目前，它们已被列为国家二级保护植物。雪莲不畏严寒，不嫌贫瘠，难怪人们深爱它们，并把它们喻为傲冰斗雪的"英雄"。

植物中的变色能手——木芙蓉 ||||

人们都知道在动物世界中，变色龙有着非凡的变色本领。可是，人们未必知道在植物王国中也潜藏着许多变色高手，木芙蓉便是它们中的出色代表。木芙蓉是一种非常美丽的观赏花卉，也叫木莲或拒霜花。它们分布在我国的大部分地区，尤以四川成都为最多，所以人们称这座城市为芙蓉城，简称蓉城。木芙蓉和棉花是同一个大家庭的成员，都属锦葵科植物，但木芙蓉比棉花高大，它们的叶子和棉花叶也有些相像。每年8月底，木芙蓉便开始绽放出茶杯那么大的花

⚫ 木芙蓉花

朵，鲜艳夺目。奇妙的是，一般的木芙蓉初开时为白色或淡红色，后来渐渐变为深红色。更奇的是，三醉木芙蓉的花色可一日三变，清晨刚绽开的花为白色，中午变成淡红色，到了晚上又变成深红色。还有一种弄色木芙蓉则是变色花中的冠军，据南宋《种艺必用》记载，它们的花朵第一天是白色，第二天变成鹅黄色，第三天变成浅红色，第四天变成深红色，最后凋谢时变成了紫色。这种神奇的本领常使我们感到迷惑不解，但经过科学家们的解释，我们很容易就能明白其中的道理。原来这是因为木芙蓉花中的各种色素的作用，它们可随着温度和酸碱度的变化而改变其颜色。

沙漠"活煤"——梭梭

梭梭是一个古老的树种，在我国，它们主要分布在新疆的准噶尔盆地、塔里木盆地等。梭梭生在沙漠，长在沙漠，不怕风吹日晒，抗干旱，抗盐碱，给荒漠带来生命的绿意。梭梭又叫梭梭柴、盐木，是藜科灌木植物。它们高2～5米，黄绿色的枝条显得细弱，上面长

有关节；嫩枝多汁，渗透压高，抗脱水；叶退化成小的三角形鳞片，靠绿色小枝进行光合作用，而且在夏天，有些嫩枝会自动脱落以减少蒸腾作用。它们在六七月份开花，花单生于叶腋，形小，呈淡黄绿色；果实圆形，顶部稍凹，果皮呈黄褐色；种子横生，

△ 梭　梭

呈螺旋状。梭梭树是沙漠中分布最广、经济价值最高的树木。它们的木材质地坚硬，耐火烧，不留灰，素有沙漠"活煤"的美誉；嫩枝是骆驼吃的上等饲料；枝干富含碳酸钾，可提取出来作为工业原料；花朵含有丰富的蜜粉，是一种开发潜力很大的蜜源植物。

"空气清洁工"——泡桐

泡桐是玄参科的落叶乔木，主要分布于我国长江流域，现北方多栽种。泡桐一般高 25 ~ 30 米，最高可达 40 米，树干通直，树皮呈灰褐色，树冠浑圆如大伞盖。它们有先开花后长叶的习惯，春天刚到时，在它们一根根光秃秃的枝条上，会长出圆锥形的大花序，上面开满浅紫色的大花朵，好像许多挂在树上的小喇叭。泡

△ 泡桐林

桐的叶呈宽卵形，表面呈绿色，有光泽，背面有灰黄色或灰色星状毛。泡桐是一种速生树种，从一棵小苗长成到 10 米多高的大树只需七八年的时间。它们还是著名的"空气清洁工"，能够吸附空气中的灰尘，起到净化空气的作用。泡桐木材质地轻软，纹理顺直，是做家具、乐器的好材料，而且经久耐用。它们的花含蜜丰富，酿出的泡桐蜜呈琥珀色，半透明，气味芳香，所以又是一种重要的蜜源植物。泡桐的根皮可入药。

世界上最高的树——杏仁桉

在澳大利亚，如果人们想歇凉，千万别进入杏仁桉树林里，因为日光高照，林中几乎没有一点树荫。这是怎么回事呢？原来杏仁桉的叶子全部集中在树顶，树干的下部和中部没有一片叶子。最重要的是，它们的叶子在空中的方向与众不同，叶面并不对着太阳，而是"羞涩"地以侧面对着太阳，叶面正好与太阳光照射的方向平行，当然它们就挡不住阳光了。所以，阳光下的杏仁桉没有阴影，杏仁桉树林里依旧阳光普照，人们形象地称之为"无影的森林"。

● 杏仁桉

杏仁桉的叶子是与环境相适应的，这样可以避免阳光的灼烤，大大减少水分的蒸腾。杏仁桉是一种速生树种，通常 10 年就能成材。它们经常长到 100 米以上，树干笔直潇洒、亭亭玉立，因此人们又送给它们一个雅称——林中仙女。美丽的杏仁桉还是一种优质木材。

另外，从桉树中可提炼出大量的鞣质，还可从叶中提取出桉叶油，在化学工业和医药工业上应用广泛。曾有人统计过，澳大利亚最高的杏仁桉可达156米，这也是世界上最高的树。

草原上的"瓶树"——纺锤树

▲ 纺锤树

我们知道，最能贮水的草本植物是巨柱仙人掌。而在木本植物中，最能贮水的树要算纺锤树了。纺锤树生长在南美洲的草原上。这种树木有30米高，两头尖细，中间肚鼓，最粗的地方直径可达5米，远远望去很像一个大的"纺锤"，所以人们称它们为纺锤树。这种树开红色的花朵，整株树的外形还像一个插上几株鲜花的巨型花瓶，因而人们还叫它们为"瓶子树"。纺锤树生长的地方有区别明显的旱季和雨季。

每当旱季来临，它们的叶子纷纷落下，以减少水分的消耗；在雨季来到以后，它们的根系又拼命吸收水分，把这些水分贮存在大"瓶"内，存水最多的可达2吨，以供在干旱时慢慢使用。在对环境的长时期的适应过程中，纺锤树的树干就膨大起来了。在澳大利亚的沙漠中旅行，也可以看到这种奇特的纺锤树。人们口渴时，只需在树上挖一个小洞，就能喝上这独特的"饮料"。

剧毒的光棍树

光棍树属于大戟科的植物，原产于东非与南非的沙漠或荒漠地区。光棍树是一种奇异而有趣的树，它们高 2 ~ 6 米，整个树身见不到一片叶子，满树一年到头只有一些光溜溜的绿枝，有时偶尔在小枝顶上长出一些小叶子，它们

● 光棍树

是如此的小，如不注意是不容易被看见的，而且往往长出来不久就脱落了，所以人们戏称它们为"光棍树"，也有人叫它们神仙棒或绿玉树。光棍树没有叶子就不能进行光合作用，那它们不就饿死了吗？其实，它们没叶子不仅不会挨饿，反而对它们的生存大有好处。原来，光棍树的故乡在非洲的干旱地区，那里常年缺水，为了减少自身的水分蒸发，节省用水，它们的叶子就逐渐变小，甚至慢慢地消失了；而它们的树枝却变成了绿色，里面有很多叶绿素，可以代替叶子进行光合作用。可见，光棍树的奇特长相，是对严酷的干旱环境长期适应的结果。光棍树全株含有毒的白色汁液，能抵抗病毒和害虫的侵犯，人们栽培它们时也要加倍小心，防止毒汁进入口、眼或伤口中。

净化空气的无名英雄——夹竹桃

夹竹桃是一种比较常见的植物。它们四季常青，叶似竹叶，花若桃花，故名夹竹桃。夹竹桃的叶子常常 3 枚一组轮生在小枝上。花在枝顶开放，有白色、红色、黄色等，绚丽悦目，使人陶醉；花期长，从夏天到秋天一直不停地

● 夹竹桃

开放。夹竹桃生存能力强，即使长在阴暗光少的地方，也能照样开放出漂亮的花朵。它们的枝条中含有一种有毒的乳汁，能杀死来犯之虫。夹竹桃是出色的抗污"能手"。有人做过测定，每千克的夹竹桃叶子能吸收汞 96 毫克，每张叶片能吸收空气中的硫 60 多毫克，而且许多有毒的铅、锌等金属的微粒和大量的尘埃都逃脱不了它们的吸附作用。还有人发现，在有毒气体和烟尘严重泛滥的地区，其他树木由于不能忍受而纷纷枯萎，唯独夹竹桃能昂首挺立，枝繁叶茂，难怪人们盛赞它们是净化空气的"无名英雄"。另外，夹竹桃的树皮中富含纤维，可以造纸张、织鱼网，还可以用于纺织业。

穿"马褂"的植物——鹅掌楸

鹅掌楸又名马褂木，是木兰科的一种乔木。它们同银杏、水杉等树木一样，是历经沧桑幸存下来的珍贵树种。鹅掌楸身材高大，高达 40 米，胸径 1 米以上。它们的叶子有十几厘米长，与其他植物

的叶片不同，其先端是平的，中央略有凹陷，两侧有两个深深的宽裂片，像大白鹅的脚掌，故名鹅掌楸。有些人还认为它们像古代人穿的马褂，宽裂片像袖子，裂口处像腰身，所以又叫它们为马褂木。鹅掌楸在春天开花，花单生于枝顶，花被片里面呈黄色，外面呈绿色，6 个花瓣围成一圈，像一个酒杯，十分漂亮。鹅掌楸分布在我国南方地区，越南也有分布。因其叶形奇特，花朵美丽，故为我国著名观赏植物。它们的树皮可入药，有祛湿除寒的功效。

⬤ 鹅掌楸

我国特产的传统名花——山茶花

⬤ 山茶花

"雪里开花到春晚，世间耐久孰如君。"这是我国著名诗人陆游对山茶的描述。山茶是一种常绿灌木或小乔木，人们常按树形将其分为丛生型、垂枝型、直立型和横张型四大类。山茶的叶形多变，在质地方面，有的厚硬，有的薄；

在颜色方面，主要有红色、白色、粉色、紫色、黄色，色彩丰富，有些品种还具有混合色的斑块。山茶花大而艳丽，例如花色纯白的白洋茶，粉红的"杨贵妃"，桃红的"小五星"，紫红色的紫花山茶等。山茶的品种不同，开花的时间也不同，一般从每年的 10 月份至第二年的 4 月份都有花开。它们的花期很长，最短的为 1～2 个月，最长的可达 4 个月，十分持久。自古以来，就有许多诗人写诗赞美它们的美丽与耐看。山茶花是我国特产的传统名花，也是著名观赏植物；全世界共有 2 万多个品种，我国目前野生的山茶花品种就有500 多种，人工培育的更是每年都有所增加，所以，我国是盛产山茶花的大国。在我国，山茶花主要分布在西南、华东、华南一带，而西南地区属云南省的山茶种类最多，数量也最大。山茶是一种重要的园艺植物，既可修剪成树墙或绿篱，也可制成盆景。此外，它们的花可食用，还可入药，有消炎、止血、理气的功效；种子可榨油，坚硬的木材可用于雕刻或制作工具，真可谓用途广泛。

质量最轻的树——轻木

在树木大家庭中，材质最轻的要数轻木。轻木属于木棉科轻木属，又称百色木、巴沙木。它们是一种常绿乔木，树干粗大笔直，身高 15 米以上。其叶呈大椭圆形，在枝条上交互排列。白色的大花着生在树冠的上层，很像芙蓉花。种子呈咖啡色，外有绒毛，和棉花籽差不多。轻木的生长速度在所有的树种中数一数二，有的生长一年就可高 5～6 米。由于它们体内的细胞更新很快，不会产生木质化，所以身体的各部分都显得异常轻软和富有弹性。假如用手指使劲按其树干，竟会留下一个手指的凹印。这种树是如此的轻，就连一位妇女也能轻易地扛起一株 10 米多长的轻木。轻木可用来制造救生胸带、水上浮标、隔音设备、展览模型及塑料贴面等。轻木喜欢气温高、雨水多的环境，主要分布在南美洲及西印度群岛，厄瓜多尔是其盛产地之一。现在，在我国广西、福建、海南岛以及台湾等地区已开始大面积引种。

⬆ 轻　木

胎生树木——红树

我们都知道，哺乳动物都是依靠怀胎来繁殖后代的。可是，你听说过某些植物也有"胎生"现象吗？红树便是具有这种奇怪特性的代表植物。红树是属于红树科的植物，分布在热带海岸泥滩或海湾内的沼泽地上，在我国海南岛、广东、福建等地的沿海地区就能见到。按照常理，普通植物的种子成熟后，会离开母体散发出去，然后在合适的条件下慢慢长大。可红树偏偏不这样。红树在春、秋两季开花结果，有300多个果实，像一条条绿色的小木棒悬挂着，这就是它们的绿色"胎儿"。这些绿色"胎儿"不停地吸取母树的营养，不断成长，一直到嫩绿的枝芽出现时，才恋恋不舍地与母树脱离，插进海滩的淤泥之中，数小时后，这些"胎生"幼苗会长出许多幼根将自己牢牢固定住，过不了多久，它们已是一株株独立生长的小树了。即使这些"胎儿"掉下，被涨潮的海水冲走，也不要担心，它们不会失去生命力，一旦海潮把它们送上海滩，它们就会很快扎根生长，逐渐长大。红树的"胎生"特性，是它们长期适应所处的特殊生态环境的结果，有利于初生幼苗的成活。生长在岸边的红树林，可以护堤、防风、防浪，是保护海岸的坚强"卫士"。

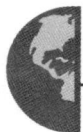

奇妙的昆虫世界 →→

QIMIAO DE KUNCHONG SHIJIE

> 　　千姿百态的昆虫，是地球上最古老的动物之一，出现于约三亿五千万年前的泥盆纪，至今已发展为种类最多的动物，全世界估计有100多万种已被命名的昆虫，中国的已被命名的昆虫也有5万多种。
>
> 　　昆虫世界是个奇妙的世界，昆虫世界所发生的奇迹给人们的启示以及昆虫所展露的独门绝活无不令人叹其奇妙。

昆虫之间的交流

　　地球上只有人类——最有智慧的高等动物才真正会使用语言。语言在人类的日常交往中起着重要作用。在电信科学发达后，人们即使相距甚远，也仍然可以依靠有线、无线电话联系。

　　昆虫可不是这样，虽有口但不能从嘴里发出声音来。那么它们是怎样在同族间，特别是在两性间传递寻偶、觅食、防卫和避敌等信息的呢？原来昆虫有着多种多样不用言传的神奇"语言"。

　　（1）"化学语言"　　昆虫传递信息的主要形式，是利用灵敏的嗅觉器官识别一些信息化合物。昆虫不像高等动物具有专门用来闻味的鼻子。它们的嗅觉器官大多集中在头部前面的那对须——触角上。生长在触角上的化学物质感受器，是它们的嗅觉器官。不同种类昆虫的触角形状不同，嗅觉器官的样子也不一样，有的像板块，有的呈尖锥形，有的像凹下去的空腔，有的就像鸡身上的羽毛。

一些雄蛾的感受器是羽毛状的，就像电视机上的天线，可左、右、上、下不停地摆动，以接受来自不同方位的气味。据科学家们验证，家蚕雄蛾的一根触角上，约有 1.6 万个毛状感受器。蜜蜂一根触角上的感受器可多达 3 万个。它们接收气味的能力非同小可。雄性舞毒蛾可感受到 500 米以外的雌蛾释放出来的气味。一种天蛾能感受到几千米以外同种异性的气味，其敏感程度足以达到单个分子的水平。昆虫利用气味传递信息的方式，叫做"化学语言"。

蚂蚁（属膜翅目，蚁科），是人们经常见到的生活在地穴中的社会性昆虫。蚂蚁出巢寻找食物，总要先派出"侦察兵"。最先找到食物的蚂蚁，在返巢报信的途中，遇到同巢的成员时，先用触角互相碰撞，然后再用触角闻几下地面，这样不但通过气味信息传递了食

⬤ 舞毒蛾

物的体积、存在的方向和位置，而且也指出了通向食物的路径。蚂蚁的这种通信方式，被称为"信息化合物语言"。这种语言只在同一种昆虫之间传递。

一般昆虫释放的信息素可分为性信息素、报警信息素、追踪信息素和聚集信息素等。

①性信息素：松毛虫（属鳞翅目，枯叶蛾科）是松树的大敌。

🔺 松毛虫

其大量繁殖时，常将松针吃光，其惨状酷似"过火林"。人们利用雌蛾释放出来的性信息素防治它们，可收到很好的效果。方法是将雌蛾装入纱笼中，悬挂在松林内。当雌蛾释放的化学气味借助风力和空气流动传递给雄蛾时，不但告诉它们雌蛾的存在，而且连位置、距离远近都一清二楚地传递了出来，便于雄蛾追踪。

同样是一种蛾子释放出来的性信息素，成分结构却十分复杂，作用也不尽相同。有的有2或3个组分，有的有7或8个组分。雌蛾用性信息素把雄蛾诱惑来，雄蛾在它身旁停下求爱、交配。这多情多义的过程，就是利用释放性信息素的不同组分或不同浓度，来表达不同的"语言"的。

②报警信息素：万里长城上的烽火台，是古代人类用来报警的建筑。古时候，人们在发现异常情况或受到外敌侵袭时，总是用呐喊、敲锣、击鼓、鸣号、放烟火等手段报警。现代的报警装置有电铃、电话、紧急呼叫按钮或一些特制的烟雾报警器、漏水报警器和入侵报警器等。

昆虫的报警则是释放一种多属于萜（tiē）烯类的化学物质，它能以此巧妙地告诉同伙，灾难来临，要提高警惕，设法自卫或逃避。

蚜虫（属半翅目，蚜科）的体型很小，只能以毫米计算，但它们的报警能力却很强。当蚜群遇到天敌来袭时，最早发现敌害的蚜虫会表现得很兴奋，还会摆动肢体，并及时释放出报警信息素。同伙接到信息后，便纷纷逃离或落到地上隐蔽起来。

有句俗话说："捅了马蜂窝，定要挨蜂蜇。"马蜂蜇人，名不虚传。特别是一种非洲蜂与巴西蜂杂交产生的叫做"杀人蜂"的蜜蜂，它们的后代不但毒性强，而且性情凶猛，曾蜇死数百人、畜。在实验过程中逃跑的一些蜂，开始在亚马孙河流域迅速繁殖，不久即蔓延到巴西各地，疯狂袭击人、畜。它们的这种群袭人、畜的疯狂行为，不仅是其自身的毒性作用，也是其报警信息素在起着作用。

即使是一些不知名的马蜂，自卫的本能和警惕性也很高，只要你侵犯了它们的生存利益，担任警戒任务的马蜂，会立即向你袭来。一旦你被一只马蜂蜇了，就会很快遭到成群马蜂的围攻。这是因为马蜂蜇人时，蜇针与报警信息素会同时留在人的皮肤里。人被蜇后的最初反应是扇打马蜂，信息素便借助扇打蜂时的挥舞动作扩散到空气中，其他马蜂闻到这种气味后，即刻处于被激怒的骚动状态，并能迅速而有效地组织攻击。

⚫ 马　蜂

生物学家通过对马蜂释放的报警信息素的提取化验，已知道其主要成分属于醋酸戊酯，有香蕉油气味。因此，一旦被马蜂蜇后，可用5%的氨水或含碱性物质擦洗，有止痛、消肿的作用，这是酸碱中和的结果。

③追踪信息素：一些过着有组织的社会性生活的昆虫，常分泌这种信息物质，借以指引同伙寻找食物或归巢。有一种火蚁，在它们外出时，不断用蜇针在地面上涂抹，遗留下有气味的痕迹，形成

一条"信息走廊"。无论寻食或归巢，它们都沿着这条走廊往返通行，从而确保行动路线的准确无误。

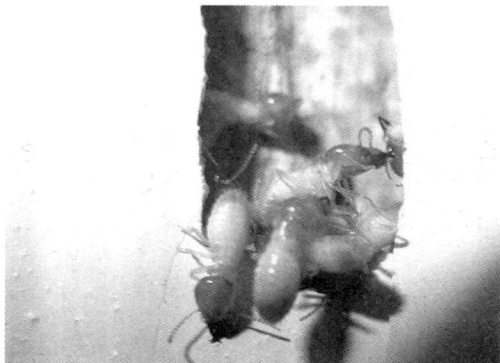

○ 白　蚁

蜜蜂外出采蜜时，当一只工蜂发现蜜源后，便在蜜源附近释放出追踪信息素，用来招引其他蜜蜂。即便是它们携蜜回巢后，仍可靠这种信息，往返于蜂巢与蜜源之间。据观察，这种信息可传递数百米远。已经查明蜜蜂释放的信息素的主要成分是柠檬醛和牻（máng）牛儿醇的化学物质。

白蚁以木材为主要食料。当它们在寻找适合的木材和生活环境时，常是有秩序地、成群结队地按一定路线行进，人们称之为"蚁路"。蚁路是由工蚁腹部第五节腹面分泌的"追踪信息素"涂抹成的、长久不衰的信息路。

科学工作者曾做过这样的实验：将蚂蚁的追踪信息素涂在蚁洞外，可引诱一些蚂蚁出洞，涂抹的浓度高，它们便倾巢而出，甚至能将大腹便便的蚁后引出洞外。如果把这种化学物质在地上涂成个大圆圈，蚂蚁便沿着这个圆圈不停地转起来。

④聚集信息素（也叫集结信息素）：它的作用就像吹集合号一样。属于鞘翅目小蠹科的小蠹虫，利用聚集信息素集结在长势较弱的树木皮下对其造成危害。当小蠹虫找到适合寄生的树木时，便从后肠释放出一种信息素，这种化学物质与寄主树的萜烯类化合物互相作用后，就能发出集合的信号，使远处分散的同类聚集过来，集体在此寄生。当所生存的寄主树木的营养降低，或环境变恶劣时，

在原寄主上的小蠹成虫又开始分泌这种物质，意在告诉同伙，这里已不适宜生存了，该搬家了。于是它们能在很短的时间内，纷纷钻出树皮，成群结队地飞迁到更适合的树林中去生活。

（2）"舞蹈语言"　蜜蜂往返花间，采集花粉归巢酿蜜。同时又为植物传粉做媒，使其结果传代，因而成为人类生产的好帮手。

有些蜜蜂经过长期驯养，已成为蜂箱中的固定住户。这些蜜蜂是怎样找到远处蜜源植物，又是如何判断蜜源的方向和距离呢？过去人们对蜜蜂的这种生活本能了解得很少。直到20世纪20年代，奥地利的著名昆虫学家弗里希对蜜蜂的活动进行了细心地观察和研究后，才揭示了这一鲜为人知的秘密。原来蜜蜂除利用追踪信息素寻找蜜源外，还用一种特殊的"舞蹈语言"来传递信息。

在蜜蜂的社会生活中，工蜂担负着筑巢、采粉、酿蜜、育儿等繁重任务。大批工蜂出巢采蜜前先派出"侦察蜂"去寻找蜜源。侦察蜂找到距蜂箱100米以内的蜜源时，即回巢报信，除留有追踪信息外，还在

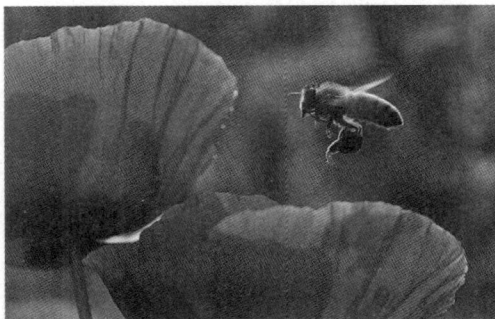

△ 飞舞的蜜蜂

蜂巢上交替性地向左或向右转着小圆圈，以"圆舞"的方式爬行。其他工蜂领会了侦察蜂的意图后，便跟随它到蜂箱四周去寻觅有香味的花朵。如果蜜源在距蜂箱100米以外，侦察蜂便改变舞姿，在蜂巢上先沿直线爬行，再向左、向右呈弧状爬行，这样交错进行。直线爬行时，腹部向两边摆动，被称为"摆尾舞"。如果将全部爬行路线相连，很像个横写的"8"，即"∞"，所以也叫"8字舞"。直线爬行的时间越长，表示距离蜜源越远。直线爬行持续1秒钟，表

示距离蜜源约 500 米；持续 2 秒，则约 1 000 米。侦察蜂在做这种表演时，周围的工蜂会伸出头上的触须，争先与舞蹈者的身体碰撞，从而了解蜜源信息。

侦察蜂跳的"摆尾舞"，不但可以表示距离蜜源的远近，还起着指明方向的作用。蜜源的方向是靠跳"摆尾舞"时的中轴线在蜂巢中形成的角度来表示的。如果蜜源的位置处在向着太阳的方向，便做出头向上的爬行动作；如果蜜源在太阳的相反方向，便做着头向下的爬行动作。为了适应太阳的相对位置与蜜源角度的不断变化，舞蹈时直线爬行的方向也要随时对着太阳作逆时针方向转动。如遇阴雨天，利用舞蹈定位的方法就有点失灵。蜜蜂还会及时变换招数，依靠天空反射的偏振光束来确定方位，及时回巢。

人们也许要问，工蜂在黑洞洞的蜂箱里表演的各种舞蹈动作，其他同伴是怎样领会到的呢？原来它们是通过头上颤抖的触角抚摸工蜂身体，使"舞蹈语言"转换成"接触语言"进而获得信息的。这种传递方法，有时也会失灵。为此它们还要利用翅的不断振动，发出不同频率的"嗡嗡"声，用来补充"舞蹈语言"的不足和加强语气的表达能力。

鳞翅目昆虫中的蝶类，也常以"舞蹈语言"来表达异性之间的情谊。雌、雄蝶自蛹中羽化出来后，便选择风和日丽、阳光明媚的天气，在林间旷野和百花丛中追逐嬉戏。它们时高时低，时远时近，形影不离地跳着"求爱舞蹈"，以表达各自的衷情。它们尽情飞舞后，便挑选合适的寄主植物停留下来，用触角互相抚摸。当雌蝶接受求爱后，才开始"鱼水之欢"。雄蝶离去后，雌蝶方产下粒粒受精卵，以达到传宗接代的目的。

四点斑蝶的求爱"舞蹈语言"更为奇特。雄、雌个体性成熟后，相互开始接近时，雄蝶便温情脉脉地扇动双翅，在雌蝶周围缓慢地作半圆圈飞舞，以示求爱。雄蝶飞舞几圈后，雌蝶便不停地摆动触角，表示接受求爱。此时两者靠近，互相用足和触角去触碰对方的翅缘。然后才安静下来，共享欢乐。

● 软尾凤蝶

雌、雄软尾凤蝶，可以说是天生一对、地设一双。雄蝶体色素雅，白"衣"白"裙"，衬有黑、红花斑；雌蝶体色浓艳绚丽，黑"衣"褐"裙"，镶嵌红色花边。自蛹中羽化为蝶后，它们情投意合、形影不离，流连于花间，用"舞蹈语言"互相倾诉柔情。

（3）"灯语"　以灯光代替语言传达信息，在人类生活中早已有之。特别是指挥交通的各种灯光信号，保障了交通安全。就连儿童都知道："绿灯走，红灯停，黄灯亮了等一等"。

其实，早在人类发明灯语之前，身体渺小的昆虫就已经巧妙地利用灯语进行通信联络了。

夏日黄昏，山涧草丛，灌木林间，常见有一盏盏悬挂在空中的"小灯"，像是与繁星争辉，又像是一对对情侣提灯夜游。如果你用小网，把它们罩住，便会看到它们是一种身披硬壳的小甲虫。由于它们的腹部末端能发出点点荧光，人们便给它们起了个形象的名字——萤火虫。

萤火虫在昆虫大家族中属于鞘翅目，萤科。它们的远房或近亲约有 2 000 种。

萤火虫是一种神奇而又美丽的昆虫。它们修长略扁的身体上带有蓝绿色光泽，头上一对带有小齿的触须分为 11 个小节，有 3 对纤细、善于爬行的足。雄萤火虫翅鞘发达，后翅像把扇面，平时折叠在前翅下，只有飞翔时才伸展开；雌萤火虫翅短或无翅。

🔺 萤火虫

萤火虫的一生，经过卵、幼虫、蛹、成虫四个完全不同的虫态，属完全变态类昆虫。

萤火虫怎样发光？发光的用意是什么？这些都是人们感兴趣的问题。萤火虫的发光器官，生长在腹部的第六节和第七节之间。从外表看只是一层银灰色的透明薄膜，如果把这层薄膜揭开在放大镜下观察，便可见到数以千计的发光细胞，再下面是反光层，在发光细胞周围密布着小气管和密密麻麻的纤细神经分支。发光细胞中的主要物质是荧光素和荧光酶。当萤火虫开始活动时，它们的呼吸会加快，体内吸进大量氧气，氧气通过小气管进入发光细胞，荧光素在细胞内与起着催化剂作用的荧光酶互相作用时，荧光素就会被活化，产生生物氧化反应，导致萤火虫的腹下发出碧莹莹的光亮来。又由于萤火虫不同的呼吸节律，便形成时明时暗的"闪光信号"。人们经过研究，把其发光的过程，列成一个简单的公式：

$$荧光素 + 氧气 \xrightarrow{\text{荧光酶作用}} 发出荧光$$

萤火虫体内的荧光素并不是用之不竭的，那么它们不间断地多次发光，能量又是从何而来的呢？原来它们的能量来自三磷酸腺苷（简称 ATP），它是一切生物体内供应能源的物质。萤火虫体内有了这种能源，不但能不间断地发光，而且亮度也较强。只有发光结构

⬥ **夏夜里的萤火虫**

还不能发光，还要有脑神经系统调节支配。如果做个实验，将萤火虫的头部切除，发光的机制也就失去作用。萤火虫发光的效率非常高，几乎能将化学能全部转化为可见光，为现代电光源效率的几倍到几十倍。由于光源来自它们的体内的化学物质，因此，萤火虫发出来的光虽亮但没有热量，人们称这种光为"冷光"。

不同种类的萤火虫，闪光的频率变化并不完全一样。美国有一种萤火虫，雄虫先有节奏地发出光来，雌虫见到这种光信号后，才准确地闪光两秒钟作为回应，雄虫看到同种的光信号，就靠近它结为情侣。人们曾做过实验，在雌萤火虫发光结束时，用人工发出两秒钟的闪光，雄萤火虫也会被引诱过来。另有一种萤火虫，雌萤火虫能以准确的时间间隔，发出"亮—灭，亮—灭"的信号来，雄萤火虫收到用灯语表达的"悄悄话"后，立刻发出"亮—灭，亮—灭"的灯语作为回答。信息一经沟通，它们便飞到一起共度良宵。

除萤火虫外，还有一些昆虫，它们只有在夕阳西下，夜幕降临后才飞行于花间，一面采蜜，一面为植物授粉。漆黑的夜晚，它们能顺利地找到花朵，这也是"闪光语言"的功劳。夜行昆虫在空中飞翔时，由于翅膀的振动，不断与空气摩擦，产生热能，发出紫外光来向花朵"问路"，花朵因紫外光的照射，激起暗淡的"夜光"回波，发出热情的邀请。昆虫身上的特殊构造接收到花朵"夜光"的回波，就会顺回波飞去，为花传粉做媒，使其结果，传递后代。

这样，昆虫的灯语也为大自然的繁荣作出了贡献。

（4）声音通信　昆虫虽然不能用嘴发出声音来，却可以充分运用身体上的各种能发声的器官来弥补这一不足。昆虫虽无具有耳轮的两只耳朵，但它们有着极为敏感的听觉器官（如听觉毛、江氏听器、鼓膜听器等）。昆虫的特殊发音器官与听觉器官密切配合，就形成了传递同种之间各种"代号"的声音通信系统。

东亚飞蝗属于直翅目，蝗科，是农业上的一大害虫。中华人民共和国成立前由于治蝗技术落后，成群结队的飞蝗将有的地方的庄稼吞食一空，造成饥荒，因而有"一年蝗，十年荒"的说法。

蝗虫为什么能成群结队地迁徙，有时停留暴食一场，有时落地停息却个个不张口吃上一嘴，又骤然起飞远离呢？形成这种现象的原因，虽多在体内生理机制变化方面，但蝗虫的"声音讯号"也起着极为重要的作用。

东亚飞蝗的发声，是用复翅（前翅）上的音齿和后腿上的刮器互相摩擦所致。音齿长约 1 厘米，共有约 300 个锯齿形的小齿，生在后腿上的刮器齿虽很少，但比较粗大。要发声时，先用 4 条腿将身体支撑起来，摆出发声的姿势，再把复翅伸开，弯曲粗大的后腿同时举起与复翅靠拢，上下有节奏地抖动着，使后腿上的刮器与复翅上的音齿相互击擦，引起复翅振动，从而发出"嚓啦、嚓啦"的响声。东亚飞蝗摩擦发出的声音频率多在 500 ~ 1 000 赫兹之间，不同的音节代表着不同的讯号。因此，音节的变换在昆虫之间的声音通信联络中有着重要作用。

蝗群暴食时，个个都只大口咀嚼植物叶片，从不发声，像有点"做贼心虚"的样子。要结队起飞前，先由"头蝗"发出轻微的擦击声，周围的蝗虫也跟着遥相呼应，声音越来越大，随之双翅抖动，噗噗之声顿时传遍四面八方，像是发出了起飞号令，于是千万只飞

△ 家　蝇

蝗倏忽飞起，转眼之间便形影皆无。

据报道，家蝇翅的振动声音频率为 147～200 赫兹。国内有人研究过 8 种蚊虫的翅振频率，不同种类、不同性别均不相同。8 种蚊虫的翅振声频在 433～572 赫兹，而且雄性明显高于雌性。农民有句谚语"叫得响的蚊子不咬人"，就是这个道理，因为雄蚊是不咬人的。

人们耳朵听得到的声音频率在 20～2 000 赫兹之间。有些昆虫翅膀振动的频率不在这个范围以内，人们就只能看见它们的翅膀在振动，听不见它们的"电传密码"，不能成为它们的"知音"。

昆虫接收声音的器官，叫听觉感受器，不同种类昆虫的听觉器官各有千秋，其生长部位也不是千篇一律。有些昆虫身上的毛有听觉功能，这种毛不但比一般毛长，而且还会左右摆动。

昆虫奇迹

昆虫大夫

动物生病自医，确有此事。虫大夫能行医治病，或许有人不信，但有些昆虫确实能为人类诊病。

蚂蚁的趋化性很强，而且馋食甜食，只要有甜食，不管你存放得多么隐蔽，它们都会依靠头上有敏锐嗅觉功能的一对触角，左摇右摆地探索找到。因此，人们便利用它们这特有的本能，为人类诊断病症。患糖尿病的人，多数尿中含糖量过高。早在 7 世纪，我国民间就曾利用蜜蜂和蚂蚁的趋化性来诊断糖尿病。方法是把蚂蚁放在病人尿盆边，如果蚂蚁很快爬去舔

● 蚂蚁曾被用来诊断糖尿病

食，便证明病人患有糖尿病；如果蚂蚁舔食后还表现得恋恋不舍，说明病情较重。

蝴蝶泉中织彩虹

在云南省大理白族自治州的西北方，雄伟壮丽的苍山脚下，有个中外驰名的"蝴蝶泉"。每当春、夏季，百花盛开，各种各样的彩蝶在泉池四周翩然飞舞，颇为壮观。蝶影入池，在斑斓的水波上闪烁，形成道道五光十色的彩虹。

是什么神奇魔力，使成千上万只蝴蝶在此聚会呢？

一是水源。水是蝴蝶生活中不可缺少的物质。特别是在烈日炎炎的夏日，群蝶追逐嬉戏后，必须寻找水源吸水，用来维持和提高体内飞翔肌的动力，并为繁衍后代储备能量。蝴蝶泉中流出来的甘露般的泉水，是吸引蝶类聚会的第一种"魔力"。

二是食源。蝶类的成虫自蛹中羽化后，便喜欢在幽雅、清静的环境中寻花吸蜜，找树吮汁，用以补充营养，促使体内生殖器官尽早成熟。蝴蝶泉东临洱海，西傍苍山，环境幽雅，花木丛生，为蝶类提供了极理想的吸蜜吮汁的场所。

🔺 蝴蝶泉标志

三是性源。蝴蝶在性成熟期，雌蝶为了繁殖后代，便从腹部末端分泌出性引诱素；性引诱素一遇空气即挥发，产生一种气味，蝶翅扇动产生的气流，使气味扩散开来。当雄蝶"闻"到这种气味后，好像接到了赴约的请帖，便"不远千里"奔向雌蝶。

花儿美，蝴蝶更美，蝴蝶像是一朵朵会飞的花。蝴蝶为什么这样美？人们只要用手触摸一下它们的翅面，便会沾上许多粉末状的东西，这便是蝴蝶用来装饰自己的物质，人们称其为鳞片。如果把这些粉末状的鳞片放在双目解剖镜下观察，就会发现这些鳞片有长有短，有细有宽，有的两边还带有锯齿，还有的带棱起脊，形状千奇百怪。每个鳞片上都有个小柄。鳞片整齐地排列在翅膜上，并将小柄插入叫做鳞片腔的小窝里。由于鳞片形状不同，组成的图案也多种多样。

知识小链接

蝴 蝶

　　蝴蝶，昆虫中的一类。蝴蝶、蛾和弄蝶都被归为鳞翅目。现今世界上有数以万计的物种都被归在此目下。它们从白垩纪起随着作为食物的显花植物而演进，并为之授粉。它们是昆虫演进中的最后一类生物。

蝴蝶鳞片上的不同形状构造，经过光的直射、反射、折射或互相干扰而产生出来的颜色，被称为物理色。不同种类蝴蝶翅上鳞片的脊纹多少，各不相同。据研究，斑蝶鳞片上的脊纹有30多条，闪光蝶鳞片的脊纹可多达1 400条。一个鳞片上的脊纹越多，产生的闪光越强，颜色的变化也就越大。以闪光蝶的翅为例，正面看蓝里透紫，从左边斜视则变成翠绿；在灯光下偏蓝，在日光下则偏紫。蝴蝶鳞片上的黑色或褐色脊纹，则是鳞片所含的黑色素造成的；白色或黄色脊纹是所含的尿酸盐所致。因为这些"颜料"含有化学成分，由其产生的颜色便被称为化学色。在一般情况下蝴蝶翅上的色彩，是由化学色和物理色混合而成的。这就是群蝶飞舞"编织"闪烁变幻、美丽夺目的"彩虹"的原理。

虫 草

你听到昆虫能变草时，一定感到很奇怪。昆虫是动物，草是植物，那么昆虫怎么会变成草呢？在我们不了解大自然中各种生物变迁的真相前，确实感到有些奇妙，其实虫变草的说法是对一种自然现象的误解。

❁ 蝙蝠蛾

所谓虫变草的现象，大部分发生在青藏高原海拔3 000～4 000米的高寒地带。有一种名叫蝙蝠蛾的昆虫，在它们的幼虫生长发育接近成熟时，被虫草属的真菌感染后，生起病来。发病初期，幼虫表现出行动迟缓、惊慌不安、到处乱爬等症状，最后钻入距地表仅有3～5厘米的草丛根部，头朝上，不吃不动地待上一段时间后，便因病而死去。蝙蝠蛾幼虫虽死，但其身躯仍然完整。真菌孢子以幼虫体内组织器官为营养，大量繁殖。冬去春来，在春暖花开的五六月间，虫体内的真菌转入又一个繁殖阶段，由孢子发展为白色菌丝，并从幼虫头上长出一根2～5厘米长的真菌子座来。由于子座露出地表部分顶端膨大，呈黄褐色，很像一棵刚露头的小草，故名虫草，又名"冬虫夏草"。当子座中的子囊孢子充满囊壳时，孢子成熟，子囊破裂，真菌孢子散发出来，再去伺机感染其他蝙蝠蛾幼虫。没有被真菌感染的蝙蝠蛾幼虫，经过化蛹、羽化为成虫，交配产卵繁殖后代。如此往复，在环境、气候条件适宜的条件下，年年有蝙蝠蛾幼虫，年年有冬虫夏草在地表出现。

蝉开花也是由真菌感染蝉若虫引起的。它们与虫变草的不同点在于，虫草菌感染上的不是蝙蝠蛾幼虫，而是在地下生活的蝉若虫。所谓蝉花，并不是蝉会开花，而是真菌寄生在蝉若虫上的产物，其产生的过程与蝙蝠蛾幼虫被感染相似。蝉花一词，最早见于中国的药学经典《本草图经》，书中说："今蜀中有一种蝉，其蜕壳上有一角，如花冠状，谓之蝉花。"蝉花与虫草另一不同点在于，它们不仅出现在高寒地区，在坡地及半山区也有踪迹，或者说，只要有蝉生存的区域，都可能有蝉花出现。

蝉花与冬虫夏草都是名贵的中药材。

● 冬虫夏草

知识小链接

寄　生

　　寄生，即两种生物在一起生活，一方受益，另一方受害，后者给前者提供营养物质和居住场所，这种生物的关系被称为寄生。主要的寄生物有细菌、病毒、真菌和原生动物。在动物中，寄生蠕虫特别重要，而昆虫是植物的主要大寄生物。专性寄生必须以宿主为营养来源，兼性寄生则可以自由活动。拟寄生物包含一大类昆虫大寄生物，它们在昆虫宿主身上或体内产卵，通常导致寄主死亡。

昆虫的启示

蚂蚁与人造肌肉发动机

　　蚂蚁是动物界的小动物，可是它们有很大的力气。如果你称一下蚂蚁的体重和它们所搬运物体的重量，就会感到十分惊讶。它们所搬运的重量，竟超过它们的体重差不多有 100 倍。世界上从来没有一个人能够搬运超过他本身体重 3 倍的重量，从这个意义上说，蚂蚁的力气比人的力气大得多了。

　　这些"大力士"的力量是从哪

△　蚂　蚁

里来的呢？

看来，这似乎是一个有趣的"谜"。科学家进行了大量实验研究后，终于揭穿了这个"谜"。

原来，它们脚爪里的肌肉是一个效率非常高的"发动机"，比航空发动机的效率还要高好几倍，因此能产生这么大的力量。我们知道，任何一台发动机都需要有一定的燃料，如汽油、柴油、煤油或其他重油。但是，供给"肌肉发动机"的是一种特殊的燃料。这种"燃料"并不燃烧，却同样能够把潜藏的能量释放出来转变为机械能。不燃烧也就没有热损失，效率自然就大大提高。化学家们已经知道了这种"特殊燃料"的成分是一种十分复杂的磷化合物。

这就是说，在蚂蚁的脚爪里，藏有几十亿台微妙的小电动机作为动力。

这个发现，激起了科学家们的一个强烈愿望——制造类似的"人造肌肉发动机"。

从发展前景来看，如果把蚂蚁脚爪那样有力而灵巧的自动设备用到技术上，那将会引起技术上的根本变革，那时电梯、起重机和其他机器的面貌将焕然一新。

现在我们用的起重机一般是靠电动机工作的，但是做功的效率比起蚂蚁来可差远了。为什么呢？因为火力发电要靠烧煤，使水变成蒸汽，蒸汽推动叶轮，带动发电机发电。这中间经过了将化学能变为热能，热能变成机械能，机械能变成电能这几个过程。在这些过程中，燃烧所产生的热能，有一部分白白地跑掉了，有一部分因为要克服机械转动所产生的摩擦力而消耗掉了，所以这种发动机使用效率很低，只有30% ~40%。而蚂蚁"发动机"利用肌肉里的特殊燃料直接变成电能，损耗很少，所以效率很高。

人们从蚂蚁"发动机"中得到启发，制造出了一种将化学能直接变成电能的燃料电池。这种电池利用燃料进行氧化还原反应来直接发电。它们没有燃烧过程，所以效率很高，可达到90%。

蜂窝与太空飞行器

航天飞机、宇宙飞船、人造卫星等太空飞行器，要进入太空持续飞行，就必须摆脱地心引力，这就要求运载它们的火箭必须提供足够大的能量。

要把地球上的太空飞行器送到地球大气层外，至少要使该飞行器达到7.9千米/秒的速度，此谓第一宇宙速度；而要使飞行器脱离地球，飞往行星或其他星球，则需达11.2千米/秒的速度，此谓第二宇宙速度。

为了使太空飞行器达到上述速度，运载火箭就必须提供相当大的推力。因为运载火箭上带有推进剂、发动机等沉重的"包袱"。按目前航天技术水平，平均发射1千克重的人造卫星就需要50～100千克

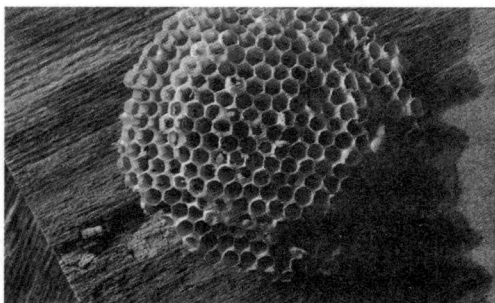

⬤ 蜂 窝

的运载器；相应的，太空飞行器自身重量越轻，也就可大大减轻运载火箭身上的"包袱"，也就能使太空飞行器飞得更高、更远。

为减轻太空飞行器的重量，科学家们绞尽脑汁，与太空飞行器"斤斤计较"。可要减轻飞行器重量，还要考虑不能减轻其容量与强度。科学家们尝试了许多办法都无济于事，最后，还是蜂窝的结构帮助科学家解决了这个难题。

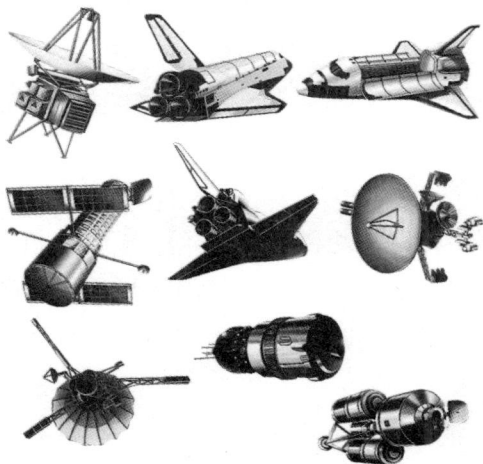

▲ 各种太空飞行器

大家都知道，蜜蜂的窝都是由一个挨一个、排列得整整齐齐的六边形小蜂房组成的。18世纪初，法国学者马拉尔琪测量到蜂窝的几个角都有一定的规律：钝角等于109°28′，锐角等于70°32′。后来经过法国物理学家列奥缪拉、瑞士数学家克尼格、苏格兰数学家马克洛林先后多次的精确计算，得出如下结论：消耗最少的材料，制成最大的菱形容器，它们的角度应该是109°28′和70°32′，和蜂房结构完全一致。但如果从正面观察蜂窝，蜂房是由一些正六边形组成的，既然如此，那每一个角都应是120°，怎么会有109°28′和70°32′呢？这是因为，蜂房不是六棱柱，而是底部由三个菱形拼成的"尖顶六棱柱形"。我国数学家华罗庚经精确计算指出：在蜜蜂身长、腰围确定的情况下，尖顶六棱柱形蜂房用料最省。

蜂窝的这种结构特点不正是太空飞行器结构所要求的吗？于是，科学家们在太空飞行器中采用了蜂窝结构，先用金属制造成蜂窝，然后再用两块金属板把它夹起来就成了蜂窝结构。这种结构的飞行器容量大，强度高，且大大减轻了自身重量，也不易传导声音和热量。因此，今天的航天飞机、宇宙飞船、人造卫星都采用了这种蜂窝结构。

科学发展就是如此，有时看起来高不可攀的难题，只要开动脑筋，善于从日常生活中寻觅线索，难题可能就会迎刃而解。小小的蜂窝，似乎与伟大的航空航天事业风马牛不相及，仿生学却将它们紧密地联系在了一起，推动了人类社会的发展与科技的进步。

夜蛾与反雷达装置

在亿万年的动物演化过程中，许多动物都形成了一套进攻和防御的手段，以便能在复杂的生态环境中生存。夜晚围绕灯火飞舞的夜蛾，就有一套装备精良的"反雷达"装置，可以帮助它们逃避蝙蝠的捕捉。

夜蛾是鳞翅目、夜蛾科昆虫的通称，种类极多，有2万种以上，其中多种都是危害性极大的害虫。夜蛾的幼虫啃食农作物、果树、木材等，其中黏虫分布最广、食性混杂、危害最大。螟蛾，斜纹夜蛾，大、小地老虎，棉铃虫，金刚钻等均属于夜蛾类，是农业上的敌害。

🔺 枯叶夜蛾

夜蛾类昆虫的体内有个特殊的结构，位于胸部与腹部之间的凹陷处，是十分灵敏的听觉器官，被称为鼓膜器。鼓膜器的表面有一层极薄的表膜，它与内侧的感觉器相连。同时在内部还有许多空腔，可使传来的振动加强。感觉器内的两个听觉细胞，可使传入的振动变为电信号，传入其中枢神经并进入脑部。

科学家们做了这样一个实验，把夜蛾固定在扬声器前，然后用扬声器播放模拟蝙蝠发出觅食搜索的超声波，夜蛾顿时显得惊恐万状，丑态百出。如果不将夜蛾固定，它立即逃得无影无踪了。科学家们又把鼓膜器的神经剥出，把它与示波器相连，当扬声器发出超声波时，示波器上出现了神经发出的电脉冲。若将鼓膜破坏，示波器上则毫无变化。这个实验证明，鼓膜器是夜蛾专门用来截听蝙蝠超声"雷达"波的耳朵，故被称为"反雷达"装置。

还有些夜蛾具有其他反蝙蝠超声探测的装置，这些夜蛾的足部发出一连串的"咔嚓"声音，干扰蝙蝠超声雷达，使它们无法确定夜蛾的准确位置。有的夜蛾更为奇特，它们全身披满吸收超声的绒毛，好似一件"隐蔽服"，使蝙蝠发出的超声波得不到足够的回声，从而逃过蝙蝠的捕捉。可见夜蛾的"反雷达"系统相当先进，因此，在自然界中，蝙蝠要捕获一只夜蛾是不太容易的。

科学家们根据夜蛾的反超声定位器的原理，研制出一些特殊的装置。首先在农业上利用蝙蝠超声发音器，将模拟蝙蝠发出的声音播放到农田中，驱赶夜蛾类农业害虫，效果极好。另外，这一原理在军事上用途更大。科学家模仿夜蛾的反雷达装置，在军用飞机和舰船上安装雷达监测器和干扰系统，可以随时发现敌方雷达发

△ 雷达装置

出的电波及准确的频率，然后放出巨大能量的干扰电波，使对方雷达系统产生混乱，无法发现己方的准确位置。在现代化的战斗机上都有一层吸附雷达电波的涂层，不容易被敌方雷达发现，就是这个道理。

昆虫的绝活

辛劳一生的蚕

　　蚕的幼虫可以吐丝，蚕丝是优良的纺织纤维，是绸缎的原料。蚕原产于中国，我国在5 000多年前就开始人工养蚕了，小小的蚕为人类作出了巨大贡献。

　　桑蚕又被称为家蚕，是以桑叶为食料的吐丝结茧的经济型蚕类，主要分布在温带、亚热带和热带地区。如今，人工饲养的蚕类大都是桑蚕。

　　蚕的一生要经历蚕卵、蚁蚕、蚕宝宝、蚕蛹、蚕蛾等阶段，共50多天的时间。刚从卵中孵化出来的蚕宝宝黑黑的像蚂蚁，我们称为"蚁蚕"。蚕宝宝以桑叶为食，不断吃桑叶后身体变成白色，经过4次蜕皮就开始吐丝结茧，在茧中进行最后一次脱皮，就变成蚕蛹。再过大约10天，蚕蛹羽化成为蚕蛾。

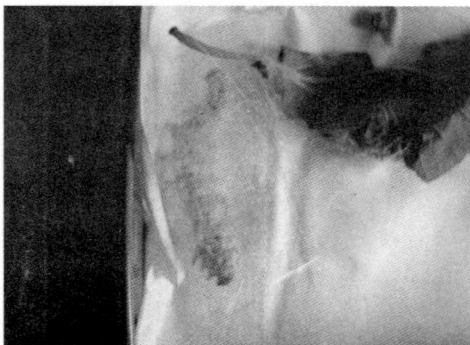

● 蚕吐丝作茧

　　蚕蛾的形状像蝴蝶，全身披着白色鳞毛，但两对翅膀较小，不能飞行。雌蛾比雄蛾个体要大一些，雄蛾与雌蛾交尾后，3～4小时后就会死去，雌蛾一个晚上约产500粒卵，产卵后也会慢慢地死去。

　　蚕吐丝结茧时，头不停摆动，将丝织成一个个排列整齐的"8"字形丝圈。家蚕每结一个茧，需要变换 250 ~ 500 次位置，编织出 6 万多个"8"字形的丝圈，每个丝圈平均 0.92 厘米长，一个茧的丝长一般为 700 ~ 1 500 米，最长可达 3 000 米。

蝉——不倦的"歌手"

每到夏天，我们都可以听到蝉为我们展示它们那嘹亮的歌喉。蝉的俗名叫"知了"，其实是一种害虫，它们针状的口器可以刺入树皮吸取汁液，严重危害树木的健康。

蝉是声名狼藉的"歌手"。在炎热的夏日，它们为找寻配偶而大声鸣叫，音调之高，常常令人难以忍受。一些叫声很大的蝉，声音甚至可以超过 120 分贝。

蝉的一生中大部分时间都在漆黑的地下度过，幼虫在土中短则生

● 会叫的是雄蝉

活 2 ~ 3 年，长则生活 6 ~ 7 年，有些美洲蝉甚至长达 17 年。与幼虫相比，成虫的生命非常短暂，仅持续几个星期。雌虫在树干及树枝上产卵后，就掉在地上摔死了。卵在第二年孵化成无翅的若虫，若干年后，若虫慢慢蜕去外壳，变成一只长有羽翅的成虫。成熟后的蝉不同于其他的鸣虫，它们有趋光性，喜欢光明的地方。

雄蝉和雌蝉都有听觉，一对大镜面似的薄膜就是它们的耳膜，耳膜由一条短筋连接着听觉器官。当一只雄蝉大声鸣叫时，它会将耳膜折叠起来，以免被自己的声音震聋。

昆虫相对于地球上的其他生物而言，寿命算是比较短的。不过，蝉的幼虫最多能活 17 年，也算是昆虫里的长寿者了，很少有昆虫可以活这么长时间。

龙虱——两栖杀手

龙虱是既能在空中飞翔，又能在水中遨游的昆虫。它们的体长一般为 3～4 厘米，最大的可达 4.5 厘米。它们的身体呈椭圆形而较平扁，主要为黑色，鞘侧缘为黄色，有光泽，有的种类具有条纹或点刻。它们长有细长的触角，复眼位于头的后方，口器坚硬而有力。它们的前足的前三节平扁，顶端靠里长有两个短柄的大吸盘和许多长柄的小吸盘，具有吸附作用，用于在交配时吸着在雌龙虱的背上，是雄龙虱捉抱雌龙虱时的得力"工具"，被称为抱握足；后足发达，侧扁如桨，有些种类的后足上面长着许多有弹性的刚毛，在划水时，刚毛时缩时松，有利于快速游泳。

龙虱的远祖是生活在陆地上的甲虫，所以它们还保留着祖先的一些特点，能在陆地上呼吸。因此，龙虱虽然大部分时间都在水中生活，但它们有时也会离开水体，用翅在空中飞翔。

龙虱喜欢生活在水草丰盛的池沼、河沟和山涧等处，它们常常游到水面，将头朝下停在水里，把腹部尖端露出水面，不久便又潜进水下去了。它们也有放臭气的习性，遇到危急时，就从尾部放出黄色的液体或臭气。

龙虱长有两排贯通全身的气管，开口位于腹部上面，叫做气门。在它们的鞘翅和腹部之间贮存着空气，可以通过气管供给体内。气门口上生有很多刚毛，它们像一个"过滤器"，可以让空气通过，滤去杂质。龙虱通过把用过的空气从气管中排出，再把新鲜的空气吸入气管，从而在水中不停地上浮下沉。

此外，在龙虱坚硬的鞘翅下，还有一个专门用来贮存空气的贮气囊，在龙虱的腹部形成一个像氧气袋似的大气泡。比人类制造的氧气瓶更奇妙的是，这个气囊不但能贮存空气，还能够生产出氧气供龙虱使用。原来，当龙虱刚潜入水中的时候，气囊中的氧气大约占21%，氮气大约占79%，而这时，水中溶解的氧大约占33%，氮大约占64%，还有大约3%是二氧化碳等其他气体。随着龙虱在水中不断地消耗氧气，气囊内和水中的气体含量更加不平衡，于是，多余的氮气就会从气囊中扩散出来，而周围水中的氧气乘虚而入，进入气囊。由于氧气向气囊内渗入的速度比氮气扩散的速度快3倍，水中的氧气就能源源不断地补充进来，供龙虱呼吸。一直到气囊内的氮气扩散得差不多，不能再渗入氧气的时候，龙虱才会浮出水面，重新将鞘翅下的空间贮满新鲜的空气，然后再次潜入水下遨游。

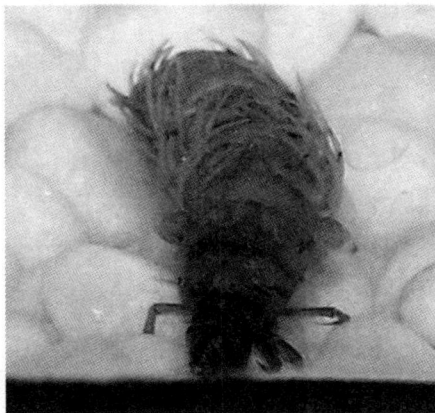

⬤ 龙虱的幼虫

龙虱十分贪吃，不仅吃小虾、蝌蚪、小虫，连比它们大好几倍的青蛙、小鱼，它们也要发动攻击。当一只龙虱将小鱼或青蛙咬伤以后，其他伙伴一闻到血腥味，便蜂拥而至，分享"盛宴"。

龙虱是属于鞘翅目、龙虱科的昆虫，全世界已知有4 000余种，我国已知有230余种。它们是完全变态的昆虫，1~2年完成1代。雌龙虱在水生植物枝、叶上产卵。孵化出来的幼虫身体细长，头上长着巨大的颚，像两把镰刀，还长有6~9节的短触角、须和两小簇单眼，上颚尖锐、弯曲，内有孔道，能吸食动物汁液。当它们用颚扎住猎物后，龙虱的幼虫就吐出一种特殊的有毒液体，经由管道进入猎物体内，使其麻痹。接着，它们又吐出一种具有消化能力的液体，以同样方法进入猎物体内来溶解并消化猎物。然后，幼虫的咽喉便像泵一样竖着，把溶解后的营养物质吸进体内。这是一种特殊的消化方式，叫做体外消化。

石蛾之幼虫——建筑专家

石蛾因外形很像蛾类而得名，但它们并不属于蛾类，因为它们的翅面具毛，与蛾类的翅大不相同。

石蛾是属于毛翅目的昆虫，全世界已知大约有 1 万种，我国已知大约有 850 种。石蛾常见于溪水边，主要在黄昏和晚间活动，白天隐藏于植物中，不取食固体食物，只吸食花蜜或水。石蛾成虫一般只能活 1 个月，所以它们会迫不及待地寻找配偶。

石蛾的变态类型为完全变态，一生经过卵、幼虫、蛹、成虫 4 个阶段。雌石蛾每次产卵在 300～1 000 粒。它们将卵产于水中，借助胶质附在水中岩石、根干、水生植物上，或悬于水面上的枝条上。幼虫在水中出生，在水中长大。

有趣的是，石蛾成虫并没有它们的幼虫有名。它们的幼虫叫做石蚕，有"建筑专家"的美誉。石蚕的体型为蠋形或衣鱼形，体长仅有 10～15 毫米，直径约 2 毫米，头、胸部骨化，色深，胸足发达，不具腹足，仅腹末有 1 对臀足，其上具强臀钩。石蚕的习性比较活泼，多为植食性，以藻类、水生微生物或水生高等植物为食，也有肉食性的，捕食小型甲壳类以及蚋、蚊等小型昆虫的幼虫，也有因季节不同而改变食性的，但石蚕本身又是淡水鱼类的饵料。

▲ 石 蚕

在河、湖或池塘的水底，有一些用沙子或植物的碎枝条、碎叶子做成的"外套"。这些"外套"随着季节的变化而变换颜色，在秋、冬季是深暗色，在春、夏季是鲜绿色。这些奇妙的"外套"，就是石蚕为自己建造起来的"房子"，在这个既是栖身之地，也是伪装避敌之所里，石蚕过着舒适、安全的日子。

石蚕的结巢技能高度发达，从管状到卷曲的蜗牛状巢，形态各异。许多类型的材料，如小石头、沙粒、叶片、枝条、松针，以及蜗牛壳等都可被它们用来筑巢。它们有的在水面筑简单的巢；有的利用小枝、碎叶、细沙等各种材料，吐丝筑成精巧的小匣，作为可移动的或固定的居室；有的吐丝做成袋状或漏斗状的浮巢，固定一端，悬浮于流水中，取食经过水流的食物。其中可移动巢可以保护其纤薄的体壁。

在流速较缓的溪水里，石蚕出世后做的第一件事是赶紧为自己做一件管状的"外套"，然后才顾得上吃东西。石蚕能用任何东西做这件"外套"，但通常用的材料都是取自身边的碎石、枯叶等。如果材料太大，它们就用颚将其咬碎，用足举起这些材料端详着，必要时把这些材料旋转个方向，然后小心地粘到自己的身体周围。用什么粘呢？原来它们的下唇末端有一块不大的唇舌，舌上有一个能吐丝的腺体，从腺体的孔中会分泌出一种遇水速固的黏液，就像胶水一样，有很强的黏性。它们还用这种胶水涂在套子的内壁上，形成一层光滑的衬里，就像人们用涂料、壁纸装潢室内墙壁一样。这样，一种舒适的"外套"就做好了。然后，它们把自己柔软的身体包裹在这个手工制作的壳里。这种"外套"具有很好的保护作用，它们如同一个个能拖着走的活动房子一样，可以让石蚕在水中自在地"闲逛"，不再畏惧其他捕食者了。一旦遇到敌人，它们就把头缩进"外套"里，就像蜗牛缩进壳里一样来躲避可怕的食肉动物。随着幼虫不断长大以及爬行造成的磨损，其"外套"要不断地加大和修缮，不过这种活动对日益长大的幼虫来说早已驾轻就熟了。从此，石蚕的吃喝拉撒睡都在这"安乐窝"里，直到它们长大变为成虫，离开水面到陆地上生活为止。

更为有趣的是，石蚕还会根据季节变换"外套"的颜色。夏天它们用绿色材料粘"外套"。秋天，它们用黄褐色材料粘"外套"。因此，"外套"不仅是它们的衣服、活动房屋，还是它们的伪装衣，常常能骗过那些饥饿的捕食者。

到了冬天，石蚕将全身缩进"外套"里，并把"外套"两头的孔封死，它们就在里边冬眠和化蛹。石蛾的蛹为强颚离蛹，水生，靠幼虫鳃或皮肤呼吸。化蛹前，幼虫会结茧它们用丝、沙、石子等结卵圆形茧，附着于石头或其他支撑物上。蛹具强大上颚，成熟后借此破茧而出，然后游到水面，爬上树干或石头，羽化为成虫。

通常一个完整的石蛾生活史循环需要 1 年，但少数种类 1 年 2 代或 2 年 1 代，石蛾一生中大多数时间是在幼虫期度过的，卵期很短，蛹期需 2~3 周，成虫期约 1 个月。

石蛾生活于湖泊、河流以及小溪中，偏爱较冷的无污染水域，生态学忍耐性相对较窄，对水质污染反应灵敏，是显示水流污染程度较好的指示昆虫，也是环保专家研究环境和检测水质好坏的好助手。

同时，它们又是许多鱼类的主要食物来源，在淡水生态系统的食物链中占据重要位置。

丰富多彩的水下生物 →→

FENGFUDUOCAI DE SHUIXIA SHENGWU

> 在地球广阔的海洋空间里，生活着大量难以计数的海洋生物，包括形形色色的海洋动物、海洋植物、微生物及病毒等。海洋生物以别样的风采在大自然中展示着自己的存在。
>
> 水下世界是个丰富的世界，水下生物是个多彩的群落。

水下植物、微生物

海上菜园

海藻植物中，有很多种是人们餐桌上的菜肴，中国人较为喜爱的就有 3 种：海带、紫菜、裙带菜。供凉拌的各种海藻类食物，包括细毛石花菜、小石花菜、江蓠、扁江蓠、海萝、鹿角油萝等。人们把它们生长的地方誉为"海上菜园"。

海带喜生长在水层较深、水流畅通、水质肥沃、水温较低的海域里。适宜它们生长的水温为 5℃～10℃，在 10℃～20℃ 下它们还能继续生长。海带为橄榄色，晒干后成为黑褐色。

海带的种植方法是筏式种植，即在天然的海域，让海带生长在网、绳索或竿上。种植时，把海带、紫菜或裙带菜按一定距离分别夹在绳子上，绳子绕在水中的浮架上（浮架用竹筒或玻璃球、塑料浮子等制成），将绳子两端固定在海底。这样藻类可以吸收海水中的养分而成长。

△ 海 带

适当食用海带有益健康。海带含有3‰～7‰的碘，人体缺碘会引起甲状腺肿大。甲状腺内分泌甲状腺素，它们具有兴奋交感神经、促进新陈代谢作用，使蛋白质、糖和脂肪的代谢加快，促进幼儿发育的作用。如果人们在发育期内甲状腺功能衰退，就会引发幼儿呆小症，表现为：骨骼发育不全、身体矮小、智力差。反之，甲状腺功能亢进，就会产生心悸、发汗、易倦、粗脖子、手指颤动等现象。食用海带还有降低血压的作用。海带含有甘露醇，可以降胆固醇、防心脑血管硬化。海带碱度大，还可对食物中肉食的酸性起中和作用。海带的褐藻酸有帮助排泄的作用，能预防便秘。

裙带菜生命力极强，自发和种植都发展很快，一片片，一簇簇，不怕风吹浪打，生机盎然。更可贵的是，每年2～3月份，恰巧是北方蔬菜品种单调的季节，裙带菜能给市场和市民餐桌上带来鲜气。

最常用于制作凉粉的海藻叫石花菜，老百姓又叫它们冻菜。它们为多年生植物，紫色，具有复杂的羽状或不规则的分枝，在我国的北部湾沿海、东海、南海都有生长。石花菜的种类也很多，有小石花菜、细毛石花菜、大石花菜等。它们也是重要的工业原料，我国利用其生产的琼胶，不但历史悠久，而且畅销国际市场。

石花菜形似一张张紫红色的粉皮，所以人们叫它们粉皮菜。它们主要分布在我国黄海、渤海沿岸，是极好的副食品，每当夏、秋季为生长季节，居民们都忙着去采集。

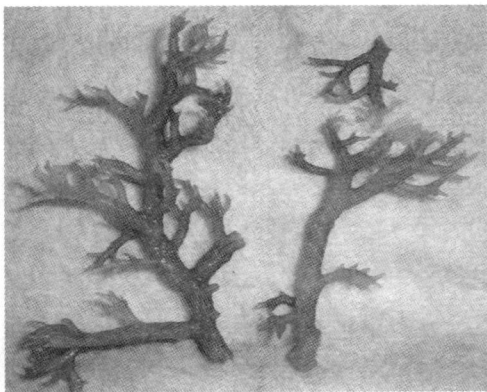

⬢ 石花菜

除石花菜能制粉外，鸡毛菜、仙菜、江蓠等藻类也可制食用凉粉。这些菜在漫长的海域沿岸都能生长，一般都长在潮水波及的地方。

⬢ 紫　菜

每到春季，在海边朝阳的岩石上，还生长着一种十分奇特的海藻，形状和颜色像一簇簇的牛毛，人们叫它们海牛毛。它们的学名叫萱藻。它们既可食用，又是工业原料。

值得一提的是紫菜，它们生长在海岸礁石边上，在它们生长得繁盛的地区，整个礁石好像紫色地毯，在阳光下熠熠发光。对于这种海菜，人们并不陌生，市场上到处可见。它们的种类也很多，可分为甘紫菜、长紫菜、皱紫菜、坛紫菜、边紫菜和条斑紫菜等，营养价值都很高，做汤味道鲜美，是我国人民喜欢的汤菜。

不可或缺的海洋细菌 ▌▌▌▌

　　海洋中的绝大多数细菌，对海洋是有益的、不可缺少的，它们形成了一座巨大的无形"化工厂"——分解海洋动物、植物的尸体，把有机物转变为无机物。这种分解和转变对海洋生命来说是极为重要的。没有这些细菌，海洋中的植物、动物也都活不成了。但这种状况是不会发生的，因为这座无形的"化工厂"每时每刻都在生产植物、动物所需要的各种元素。

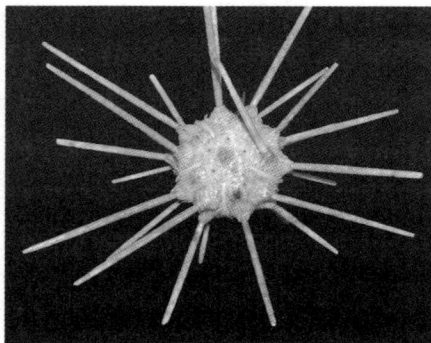

⬥ 海洋细菌

　　植物要靠光合作用来生存和繁殖，要吸收海水中的营养物质来维持生活。当海水中的氮、磷元素少到一定程度时，光合作用就无法进行，植物就难活命。假如养料盐类得不到补充，那海洋生物也要因缺食而绝迹了。因为有庞大的细菌群体存在，就能在一定程度上避免这种事情发生。这些细菌有严密的分工，各司其职——腐败细菌把动植物尸体分解成氨和氨基酸等有机物，硝化细菌的职责是将氨和氨基酸氧化成为硝酸盐，硝酸盐是浮游植物制造有机物必需的营养物质。在这个"化工厂"里还能生产出大量动植物需要的氧、有机物等。细菌还参与海洋的化学变化，使一些化合物沉到海底。因此，海底沉积物的性质和分布，与细菌也有关系，比如海底石油。

　　细菌还能利用酶帮助动物消化。许多动物肠子里，1毫升食物中就有几百万个细菌，形成庞大的"食品加工厂"。可见细菌这种小生物，是海洋中不可或缺的成员。

原始腔肠类动物

珊瑚是海洋动物中的低等动物，长期以来被人们划为植物。人们对它们的认识有一个相当长的历史过程。直到1774年有位法国科学家在北非沿海考察时，才发现像花一样的植物——珊瑚，原来是一种贪食的动物。但是由于当时人们的守旧和偏见，死活不信"珊瑚动物说"，结果这位科学家的观点始终得不到承认，珊瑚便不能摘掉"植物"的帽子。直到19世纪40年代，人们依靠科学仪器才真正揭开珊瑚是动物的面貌。人们详细研究了珊瑚的胚胎发生，才发现珊瑚的骨骼是由珊瑚体的软体部分分泌而成的动物特性，这才摘掉珊瑚作为植物的"帽子"，还其动物本来的面貌。

⬥ 珊 瑚

根据动物系分类，珊瑚分成2大类：八放珊瑚亚纲和六放珊瑚亚纲。八放珊瑚，大多为掌状枝或扇状枝，也有的为块状，一般生活于热带和温带不同深度的海底。八放珊瑚的骨骼分布在中胶层中，由骨针构成，它们多数不互相连接为骨骼系统。它们因为虫体内肠腔有8个隔膜，肠腔的外端口周围有8个羽状分枝的触手，根据这一特征，因此叫八放珊瑚。

六放珊瑚中的绝大多数为群体生活，由数以万计的珊瑚虫组成，你挨着我，我依附着你，肉连肉，骨连骨，构成一个浑然一体、和睦相处的大家庭。每一个有柔软身躯的珊瑚虫都有一个石灰质的小洞穴，即珊瑚虫的小住宅。它们的体外都有外骨骼支撑着各自身体。每个小珊瑚虫的骨骼又有共骨把它们联系起来，构成各式各样、千姿百态的珊瑚骨架。这些珊瑚虫被人们称为"水下建筑师"，是造礁的最出色的工程师。六放珊瑚虫口周围的触手数目为6的倍数，肠腔内的隔膜、骨骼片的总数也是6的倍数，因此被称为六放珊瑚。新生的珊瑚虫在死去的珊瑚骨骼上生长，日积月累就形成了千姿百态的珊瑚礁，有的生成树枝，枝条纤美柔韧；有像一朵朵蘑菇的石珊瑚；有像人脑一样的石脑珊瑚；有像鹿角的鹿角珊瑚；有似喇叭状的筒状珊瑚……它们的颜色五彩缤纷，有橙、粉、蓝、紫、白等色，五颜六色的珊瑚使海底成了美丽的花园。

珊瑚的触手很小，都长在口旁边，"肚子"里被分隔成若干小房间（消化腔），海水流过，把食物带进消化腔被它们吸收。珊瑚虫有从海洋里吸取钙质制造骨骼的本领。活的珊瑚死去了，新的又不断成长，日积月累，它们的石灰骨骼形成珊瑚礁、珊瑚岛。我国西沙群岛、南沙群岛就有珊瑚建筑师们千万年来的丰功伟绩。因此，无论岸礁、堡礁、环礁都是珊瑚"生团死聚"的结果。

知识小链接

珊瑚虫的面貌

珊瑚虫有水螅型（多细胞无脊椎动物，一般只有几毫米大小）个体，呈中空的圆柱形，下端附着在物体的表面上，顶端有口，围以一圈或多圈触手。触手用以收集食物，可做一定程度的伸展，触手上有特化的细胞——刺细胞，刺细胞受刺激时翻出刺丝囊，以刺丝麻痹猎物。

绽放的海底菊花——海葵

有位潜水员，第一次到南海西沙群岛去作业，当他潜入清澈的海底，一下子被眼前礁石上一丛丛鲜花惊呆了。五颜六色的"花朵"上，那密密的花瓣，像舒展的菊花。天啊！大海底下哪来的这么多菊花啊？他忍不住伸出手去触摸它们，突然离他最近的一丛花，吱的一声吹出一股清水，那花瓣立即收拢起来，接着远处的花朵，好像接到了信息通报似的，所有艳丽的花朵都藏了起来，有的花朵还在礁上移来移去，成了会走路的花朵。

突然，一朵海菊花缓缓地移动起来，这位潜水员迅速伸手将其捉住。拿到眼前一看，原来这朵会走路的花长在一个螺壳上，螺壳里住着一个房客——寄居蟹。这位潜水员出水之后，好奇地请教船上一位海洋生物学家。专家就给潜水员讲起这些会移动的花朵——海葵的知识来了。

寄居蟹和海葵是一对好朋友，海葵能放出花瓣——触手，捕捉小动物，既保护了寄居蟹，又把食物供给它。寄居蟹可以携带海葵在海底旅行。这样，两个朋友取长补短、互助互利，就不愿分离了，甚至寄居蟹迁居时，也要把它的朋友搬到另一个螺壳上去。

海葵身体柔软，里面没有骨骼，大都是"独身主义"，单个生活，不成群体。

海葵身体上端是个口盘，当中是扁平的口，周围生有一圈圈触手。各种海葵触手数目不等，里圈的触手先生出来，

△ 海 葵

然后成6的倍数一圈圈向外按顺序生出。海葵的触手是捕食的武器，那上面长着无数刺细胞，能分泌毒刺丝。一些小鱼、小虾被它们柔软艳丽的触手所吸引，前来观赏，一旦碰上"花瓣"，触手上的毒细胞就会把小鱼、小虾刺麻木，然后触手将其卷进口里吃掉。

海葵的口经过扁平的口道与腔肠相连，它们的口道两端有2个口道沟与外界相通。海葵吞下小鱼后，先闭上口，后将食物送入消化腔，消化腔里有许多消化酶，负责消化、吸收食物。消化腔的隔膜内边缘叫做隔膜丝，上面有刺细胞。

一般的鱼怕海葵那无数的触手，但只有一种小丑鱼不怕，小丑鱼把其他鱼引诱到海葵触手间，海葵得到食物，小丑鱼也能分享一份美餐。有一种寄生虾也不怕海葵的触手，因此它们常跟海葵做伴，替海葵梳理触手，让它们保持清洁，当然这种劳动也不是无报酬的，能换来"一日三餐"。

知识小链接

海葵的繁殖

海葵为雌雄同体或雌雄异体。在雌雄同体的种类中，雄性先熟。多数海葵的精子和卵是在海水中受精，发育成幼虫；少数海葵幼体在母体内发育。有些种类通过无性生殖，由亲体分裂为2个个体；还有些种类是在基盘上出芽，然后发育出新的海葵。

海葵常住在珊瑚丛和海底的泥沙上。它们那圆筒形的身体下面有个底盘，可以将身体吸附到礁丛或泥沙上。有时候，海葵为了寻找更好的生活环境或食物来源，也可以用底盘蠕动身体，慢悠悠地在附近"散散步"。如果要远行，那可就要请寄居蟹帮忙了，它们吸附在寄居蟹的螺壳上，让其带着它们旅行。一般来讲，热带海洋里的海葵色彩漂亮，个体也大；寒冷海洋里的海葵色彩单调，个头也小。

软体类、甲壳类、棘皮类、头索类动物

美丽的贝类——虎斑贝

美丽的贝壳种类很多，其中之一是虎斑贝，白色底子上缀着黑色或紫色的斑纹，外面有一层油光闪亮的珐琅质，令人悦目。这层珐琅质是怎么形成的呢？它是由贝壳的外套膜分泌而成。其他虎斑贝还有山猫眼宝贝、玉色宝贝、卵黄宝贝、阿文绶宝贝、货贝、环纹货贝等。

虎斑贝在古代曾被用作货币，人们都叫它们"宝贝"。

李时珍在《本草纲目》里说："'贝'字象形，其中二点像其齿刻，其下两点，像其垂尾。"《草本原始》记载说："贝子生东海池泽，大如拇指，顶色微白亦有深紫色者，上古珍之以为宝货，故贿、赂、贡、赋、赏、赠，凡属货者，字从贝意有在矣！"除这六字

▲ 虎斑贝

外，还有许多字与贝字有关，这说明"贝"在我国古代生活中所起的重要作用。

虎斑贝不是所有海域都有的，它们主要分布在热带和亚热带的

海域。在我国主要分布在台湾、香港、西沙群岛、南沙群岛。

虎斑贝过着昼伏夜出的爬行生活。在爬行时，头部和足部从贝壳口伸出来。白天它们躲藏在珊瑚礁的洞穴里或者在岩礁块下面，通常在黎明前、黄昏后出来觅食。因此，一般夜间捕捉它们，收获较大。

贝类中的"海味之冠"——鲍鱼

鲍，一般人称其鲍鱼。它们是名贵的海产品之一，素称"海味之冠"。它们鲜而不膻，清而不淡，烧菜做汤，清香鲜嫩。

🔺 鲍　鱼

鲍鱼在古代有石决明、九孔螺、千里光等名称。我国古代记载的鲍鱼有 2 种：①杂色鲍，这是分布在我国东南沿海的贝种；②皱纹盘鲍，是分布在我国北部沿海的一种珍贵贝类。鲍鱼其实不是鱼，而是一种贝壳类，因为它们的形状似人耳朵，所以有的地方的人称其"海耳"，又因为它们的壳上有 9 个孔，是它们的触手伸出的地方，古人叫"九孔螺"。

鲍鱼喜欢生活在海水清澈、水流湍急、海藻丛生的海域，它们利用肥大的肉足吸附于岩石上。鲍鱼的附着力是惊人的。因此，在海里捕捉鲍鱼是件很麻烦的事。

应该如何捕捉呢？采鲍人必须趁其不备，骤然用铲子将其铲下，否则待其有准备，你就是把壳砸碎了，也休想把它们从岩石上取下来。古时李时珍有记载说："石决明，形如小蚌而扁，外皮甚粗，细孔杂杂，内则光耀，背侧一行有孔，生于石崖之上，海人泅水，乘其不意，即易得之，否则紧粘难脱也。"古人蒋廷锡也有记载："海人泅水取之，乘其不知用力，一捞则得，苟知觉，虽斧凿亦不脱矣！"可见我国古人对鲍鱼的形态、生活习性，以及捕捞方法都已有较清楚的了解。

⬤ 石决明

鲍鱼不仅是"海味之冠"，而且其壳还可制成重要药材——石决明，除了可以治疗眼疾外，尚有清热、平肝息风的功效，可应用于治疗头晕眼花和发烧引起的手足痉挛、抽搐等症。

海中"变色龙"——海兔

有位潜水员，在水下作业时，突然在礁谷里看到一只"兔子"伏在海草中，这使他万分惊奇，海底怎么会有兔子呢？出水后他带着问题请教了海洋生物学家。

专家说，那是海兔，跟陆兔完全不同，它们是一种无脊椎的软体动物，跟贝壳和海蛎子有一定的亲缘关系。只是天长日久，它们的贝壳退化成了又薄又透明的角质层，被包围在外套膜里了。人们之所以叫它们海兔，是根据其形象取名的。海兔头部长着 2 对触角，前面一对是管触觉的，比较短小些；后面一对是管嗅觉的，比较细长。当它们静止时，嗅觉器官就伸了出来，好像是兔子耳朵，因此就取名"海兔"了。

海兔有个特殊本领，对周围环境有惊人的适应能力。它们可以随海藻的颜色而改变。如果海兔食用的海藻是红色的，那么它们的体色就变成玫瑰红色。如果海兔食用的是绿藻、褐藻，那么它们的体色会很快变成棕绿色或黑色。

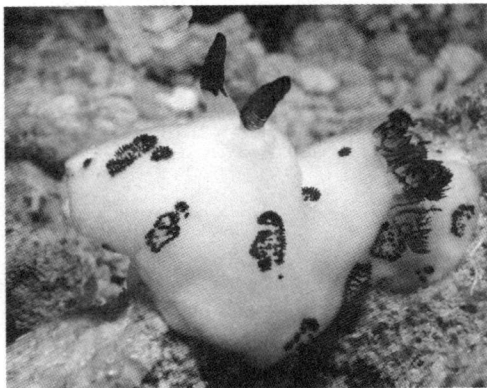

⬤ 海　兔

专家说，海兔变色适应环境，有利于保护自己，可以减少敌害的袭击。海兔还有一种特别的自卫手段，它们会喷射和分泌2种腺液：①紫色腺，一遇敌害就分泌出来，使周围海水变为紫色，借以逃避敌害；②毒腺，位于外套腔前部，一旦受到刺激就会分泌一种带酸味的乳状液体，它们有一种叫人恶心的气味，也是用来防敌害的。

"白住房客"——寄居蟹

曾经，在西沙群岛，守岛的战士们跟寄居蟹展开了一场"战争"。战士们千辛万苦在珊瑚石上开出地，种上菜，眼看绿绿的菜长出几寸高了。夜里下了一场小雨，战士们老早起来去看菜的长势，大家都以为菜遇甘露一定长得快。可是，当战士们来到菜地时，大家一看都傻眼了，全部菜苗都在根部被剪断了，这捣蛋鬼不是别人，就是寄居蟹。

在西沙群岛，每当潮水退后，广阔的沙滩上，到处可以看到许多背上驮着各种斑纹的螺壳的小动物在沙滩上爬来爬去。当你靠近它们时，它们就迅速地缩进螺壳一动不动，这种动物就是寄居蟹。因为它们都定居在可以随身携带的"房子"——螺壳里，寄居蟹的名字也由此而生。

寄居蟹的体形、构造和生活方式都比较特别，腹部柔软的螺旋体盘曲在螺壳里。头前有 2 个状如钳子的螯足，左、右螯足在身体缩进螺壳里时，大螯足挡住螺壳的门口御外敌。瘦长的第一、第二步足是爬行工具。

寄居蟹逐渐长大后，原来的螺壳住不下了，它们还能够随时调换较大的新房。想要找到大小适合的螺壳，寄居蟹只需用钳状螯足伸入螺壳中试探一下，如果满意了，它们就很快把身体安置在这个新房中。不管新房还是旧房，寄居蟹在居住过程中，从不交房租，所以山东沿海一带的老百姓称寄居蟹叫"白住房"。

神奇的食肉动物——海星

海星属于棘皮动物门海星纲，下分海燕和海盘车 2 科，不过人们都俗称其为海星或星鱼。

海星主要分布于世界各地的浅海底沙地或礁石上。海星看上去不像是动物，而且从其外观和缓慢的动作来看，很难想象出，海星竟是一种贪婪的食肉动物，它们对海洋生态系统和生物进化还起着非同凡响的作用。这也就是它们为何在世界上广泛分布的原因。

海星与海参、海胆同属棘皮动物，它们通常有 5 个腕，但也有 4 个和 6 个的，有的多达 40 个腕，在这些腕下侧并排长有 4 列密密的管足。管足既能捕获猎物，又能让自己攀附在岩礁上，大个的海星有好几千只管足。海星的嘴在其身体下侧中部，可与海星爬过的物体表面直接接触。海星的体型大小不一，小到 2.5 厘米，大到 90 厘米；体色也不尽相同，几乎每只都有差别，最多的颜色有橘黄色、红色、紫色、黄色、青色等。

人们一般都会认为鲨鱼是海洋中凶残的食肉动物，而有谁能想到栖息于海底沙地或礁石上、平时一动不动的海星，却也是食肉动物呢？不过现实就是这样。由于海星的活动不能像鲨鱼那般灵活、迅猛，因此它们的捕食对象主要是一些行动较

○ 海 星

迟缓的海洋动物，如贝类、海胆、螃蟹、海葵等。海星捕食时常采取缓慢迂回的策略，先慢慢接近猎物，再用腕上的管足捉住猎物并用整个身体包住它们，将胃袋从口中吐出，利用消化酶让猎物在其体外溶解并被其吸收。

当潮水退去时，我们常可以在海滩上拾到手掌大小的五角形动物，这就是海星。它们体色鲜艳，身体匀称，从位于中心的体盘部向周围放射出 5 个腕，每个腕都是身体的一个对称轴，体内各个器官系统也都各呈相应的 5 副结构。海星背部微隆，腹部一般有微微下凸的 5 条步带沟，沟内生有若干缓缓蠕动的管足，里面充满液体。这是海星特有的水管系统的主要部分，也是运动器官。5 条步带沟的交汇处就是海星的口。

海星有很强的再生能力，它们任何一个腕脱落后都能再生，腕内各器官也能再生，但再生腕往往比原先的小，因此可以发现畸形的海星。如果将海星的一个腕捉住，不久这个腕就在与体盘相连处

断裂，海星弃腕逃脱。

● 海盘车

海盘车是黄海、渤海常见的肉食性海星，形似五角星，体略扁平，腕较长，管足上有吸盘。沙海星是一种镶边的海星，腕心长，但腕足上无吸盘，运动时两腕伸直，抬高体盘，先以腕前端的管足插入沙中定位，然后腕离地使身体重心超越支面，随之倾倒。

瘤海星体表长着瘤状的棘，骨骼较硬，动作不自如，只好把腕向上顺势并拢，似开花瓣，然后以倾倒复位的方式移动。

海盘车吃贝类时，先用腕管足将其握住，使贝类壳顶朝下，然后将贝壳剥开，海盘车随之翻出囊状壁薄的胃，把贝类的软体部分包住后吃掉。长棘海星的再生能力强弱因种而异，沙海星可由1厘米长的腕长成一个完整的新个体，而海盘车则必须有部分体盘保留下来方能再生。

海星是海洋食物链中不可缺少的一个环节。它们的捕食起着保持生物群平衡的作用，如在美国西海岸有一种文棘海星，时常捕食密密麻麻地依附于礁石上的海虹。这样便可以防止海虹的过量繁殖，从而避免海虹侵犯其他生物的领地，以达到保持生物群平衡的作用。全世界有大约2000种海星分布于从海间带到海底的广阔领域，其中太平洋北部水域分布的种类最多。

"海中刺猬" ——海胆

曾有人在浅海里找活贝壳时，在一块礁石底下发现一只颜色很美丽、长得像刺猬似的动物。他伸手抓它，没有想到有根刺刺进了手心里。这下他的手心很快红肿起来，并痛得浑身冒汗，夜里还发起烧来。

后来当地人告诉他，这种浑身长刺的动物叫海胆，无论抓它们还是吃它们都要当心，因为它们的刺有毒。

海胆长着一个圆圆的石灰质硬壳，全身武装着硬刺，一般海洋中的动物都不敢惹它们，因此有"海中刺猬"的称誉。

⬥ 海　胆

在海胆的口腔内有个特殊的咀嚼口器——亚里士多德提灯。这个名字听起来有些古怪、陌生，其实来源于一位学者的名字，因为这个咀嚼器，很像古代的提灯，而且学者亚里士多德在其《动物志》中对其有所描述，因此就产生了这个名字。这个特殊的咀嚼器是海胆捕食和咀嚼食物的唯一的途径，其间还生着些纤细透明的小脚——管足。海胆靠这些脚移动着它们的硬壳。它们体表都有石灰的硬棘，所以属于棘皮类动物。

海胆种类很多，全世界有800余种，但能供人们食用的品种只有少数。在我国有光棘球海胆、紫海胆、白棘三列海胆等。吃海胆不是吃它们的肉,而是吃它们的生殖腺。

海胆一般在夏、秋两季捕捞,这时海胆里面包着一腔橙黄色的卵,卵在硬壳里排列得像个五角星。海胆卵是一种特殊佳肴,可以油炒、鲜食,还可以和鸡蛋、肉类炒在一起,鲜美的味道使人念念不忘。山东半岛出产一种"云丹酱",畅销中外,就是用海胆卵制成的。白棘三列海胆,主要产地在南海,特别是西沙群岛、南沙群岛有很多,它们跟紫海胆不同,棘刺又短又尖,掺杂灰白色,卵也十分鲜肥。

吃海胆千万要小心,要防止中毒。一般有毒的海胆颜色都格外美丽,如环刺海胆,它们的粗刺上有黑白条纹,细刺为黄色。幼小的环刺海胆更美,刺像白色、绿色的彩带,闪闪发光,在细刺的尖端生长着倒钩,一旦刺入人的皮肤,就像毒针刺入人体,皮肤立时会红肿疼痛,被刺的人还会出现心跳加快、全身痉挛等中毒的症状。

"吃里扒外"的盲鳗

夕阳下,渔民们正忙着收拢渔网,鱼肥网重,人们抑制不住丰收的喜悦。然而事情常常出人意料,体形很大的鱼一掂量却轻得令人难以置信。再细看网里的鱼,表面完好无损,可是全是死的,多半的鱼里面已被蚀空,只剩下一张皮和骨头了。是谁偷走了鱼肉呢?手段还如此高明?经过侦察,原来这起海上盗窃案的肇事者竟是一些个头不大、没有眼睛、形同鳗鲡的海生物——盲鳗。

有一则消息报道:"在一条鳕鱼的肚子里找到123条盲鳗。这些盲鳗全部活着,而鳕鱼早已死亡。经过海洋生物学家检查,鳕鱼的死亡是由于成群的盲鳗吞掉了它们的内脏。这群入侵者仍然在吞食着鳕鱼的尸体。"

按照常理，这世界大多是"大鱼吃小鱼"，上述事例却相反，自然界中的确也存在"小鱼吃大鱼"的怪事，盲鳗就有这种本事。

盲鳗专门钻入大鱼体内偷吃内脏和肌肉。它们的头部有一个漏斗，里面的舌头上长有许多角质齿，这便是绞肉钻孔的利器。盲鳗一旦进入寄主体内，就穷撕猛

△ 盲 鳗

啃、狼吞虎咽一通，随之又几乎不加消化地排出来，这样用不着多大工夫，便将一条大鱼的内脏活生生地掏了个空。据统计，一条盲鳗在 8 小时内可吃掉比自己身体重 20 倍的东西。3 条 250 克重的盲鳗，8 小时可以吃 15 千克鱼肉。它们爱在落网的鱼群中坐收渔翁之利。因此渔民对盲鳗深感头痛。

盲鳗长着软软的圆柱状身子，拖着个扁圆尾鳍，它们的口像圆吸盘，生着锐利牙齿，这就是它们进攻的武器。盲鳗张嘴向大鱼进攻，它们从大鱼的鳃部钻进体内，用"吃里扒外"的战术吃大鱼内脏。由于它们长期过着寄生生活，眼睛已退化。可是它们的嗅觉和触觉异常灵敏，使之在茫茫大海里得以迅速找到鱼群，并准确地从鱼鳃钻入大鱼体内。

在生物学家的眼里，盲鳗是一种珍贵的动物。因为脊椎动物最主要的标志之一就是体背有一根脊梁骨。盲鳗体内已具有原始脊椎骨的雏形了。可以说，在动物界从无脊椎向脊椎动物的进化过程中，到了圆口类，才算是真正脊椎动物的开始。现存圆口纲动物总共有

70 多种，它们全过着寄生生活，多数栖息在海洋里。

形形色色的鱼类

温顺的"鱼老大"——鲸鲨

有人说，海洋中最大的鱼当然是鲸，此话错了，鲸是海洋中的哺乳动物，不是鱼类，不能参加鱼类个头比赛。鱼中之王应该是鲸鲨，无论体态还是重量，鲸鲨都是鱼类中的冠军。鲸鲨最大的长达20米，最重的达20吨。

鲸鲨别称有豆腐鲨、大憨鲨、鲸鲛等。它们长着宽扁的大头，两只小眼睛，一张宽阔的大嘴巴，张开来像一对大簸箕，牙齿又细又小，约有3000颗牙齿，这一排排白白的小牙，尖尖的向里斜长在上颌与下颌上，组成一个

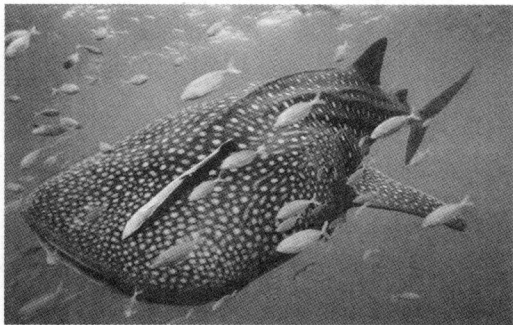

△ 鲸 鲨

牙阵。这个严密的牙阵，不是用来咬东西的，它们只是起着过滤食物的作用。鲸鲨没有生长可咬嚼的牙齿，鲸鲨是温顺的，一般情况下不伤人。

鲸鲨是如何进食的呢？它们先张开大口吞进海水和浮游动物，然后闭嘴把海水一挤，水就从鳃裂里排了出来。这鳃裂生在头部两侧，各有5对。相邻一对鳃裂之间生着一张弓形软骨，就是鳃弓。鳃弓的内侧生着角质的鳃耙，这些鳃耙就像海绵状的过滤器。过滤

器只让海水通过，食物是无法通过的。鲸鲨靠着这种过滤器把海水滤出，把食物集中起来吞咽下去。

有位名叫汉斯·哈斯的奥地利人，在红海潜水拍照时，遇到了一条8米长的鲸鲨，他喂它面包，它温和地在他身边游来游去，哈斯给它拍了照。第二次潜水时，哈斯又遇到这条鲸鲨，又喂它吃的，他们成了朋友。在十来天的水下工作日子里，这条鲸鲨几乎次次陪伴着哈斯。后来哈斯的胆子大了，竟骑到鲸鲨的背上，在海上奔驰。

鲸鲨的体色是青褐色，也有的呈灰褐色，深色的条纹和斑点装饰着它们的"游泳衣"，越到肚皮下它们的皮肤越显白色；靠近脊背的上方每侧有2行从头到尾的皮脊；背鳍没有硬邦邦的棘骨；尾上翘，胸鳍宽大，划起水来是很有力的。鲸鲨在热带和温带的海域里栖息繁殖，往北达北纬42°，往南达南纬34°。鲸鲨对寒冷的海域是不感兴趣的，那些地方几乎不见它们的踪影。

知识小链接

浮游动物

浮游动物是一类在水中浮游性生活的动物类群。它们或者完全没有游泳能力，或者游泳能力微弱，不能作远距离的移动，也不足以抵拒水的流动力。浮游动物与浮游植物合起来构成浮游生物。二者几乎是所有海洋动物的主要食物来源。浮游动物的种类极多，从低等的微小原生动物、腔肠动物、栉水母、轮虫、甲壳动物、腹足动物等，到高等的尾索动物，几乎每一类都有永久性的代表，其中以种类繁多、数量极大、分布又广的桡足类最为突出。

胆小贪食的石斑鱼

石斑鱼又叫鲶鱼，是暖水中的下层鱼类，分布于中国东南沿海、朝鲜、日本西部及印度洋等区域。它们肉质细嫩鲜美，是餐桌上的佳肴。

● 石斑鱼

石斑鱼橘红色的背上，栉鳞细小紧密，上面缀饰着灰黑色的条状斑花，真是美极了。有些渔民为了卖个好价钱，他们迅速用针刺向钓上来的石斑鱼的鱼腹，于是胀鼓鼓的鱼腹立即瘪了下去。原来渔民是在给它们放气。因为石斑鱼被钓上来之后，它们的鱼鳔会立即鼓气，然后很快地死去，若把鱼鳔里的气排放出来，然后迅速养在海水船舱里，石斑鱼就能多活一阵了。

石斑鱼很胆小，不喜远游，只成群结队地栖息在岩礁缝隙或沙砾质的海区，依靠小虾、小鱼和贝类等为生。由于它们常钻在石缝里生活，因此用渔网是很难捕住它们的，只有靠钓取。通常，每年4~8月，是钓石斑鱼的黄金季节。渔民们垂钓根据季节和水温变化，选择的鱼饵也有所不同。一般4~5月用小虾，5~6月用泥鳅，7~8月用小蟹，石斑鱼就会上钩。

头上长长锯的锯鳐

锯鳐这种奇特的鱼的吻部向前突出，好像一口扁平的长剑，长剑两侧的刃上通常长着 21～26 对大小相对应的锯齿。这些锯齿的根部深深埋在吻软骨的齿窝里，非常坚牢。整个突出物像把双面有齿的刀锯，锯鳐的名字由此而来。

锯鳐体长 5～8 米，最大的长 9 米左右，它们是一种大型的软骨鱼。一条体长 5 米的锯鳐，头前的锯就有约 2 米，锯宽 30 厘米左右，锯鳐顶着这把威风凛凛的刀锯，在海洋中也算个霸王了，连鲸和鲨碰上它也避而远之。

⬥ 淡水锯鳐

锯鳐头前的这把锯，既是捕食工具，又是防御进攻的武器。它们的食物范围很广，从埋在沙里的小动物到大型鱼，都是它们吞食的对象。锯鳐想吃沙里的海味时，就用锯翻掘海底，把藏在里面的小动物挖掘出来；想吃鱼时，就冲进鱼群，左拉右锯，那些不幸的伤亡者就成了它们的菜肴。大敌当前，锯鳐会毫不犹豫地发起进攻，用锯齿刺穿对方的身体，撕裂对方的皮肉。

锯鳐在雌鱼体内受精，胚胎在母体内发育，待长成和亲鱼相仿的体形时，才产出体外。锯鳐的生殖方式和高等动物的胎生不同，它们的胚胎发育所需的营养靠卵黄供给，这种胎生叫做"卵胎生"。锯鳐一次可生十几条小锯鳐。

海洋中鼓翼飞翔的蝠鲼

陆地上的蝙蝠大家都见过，飞起来有两扇柔软的翅膀。那么海洋里有没有模样像蝙蝠的鱼呢？有的，这就是善于腾空飞翔的巨鱼——蝠鲼。

蝠鲼体长 7 米多，体重可达 3 吨，头上生着两个可以摆动的"角"，叫做"头鳍"，左、右方两个大的胸鳍和体躯构成一个庞大的体盘。游起来，胸鳍上下摆动，就像鼓翼飞翔的蝙蝠。背上披着件灰绿底子带白斑的"衫子"，腹面雪白。鞭状的尾巴在游泳时起着平衡作用。蝠鲼生活在海底，两个胸鳍就是它们"飞翔"的翅膀。它们更有一种绝技，每当生崽季节，就会雌雄相伴，到海面徐徐遨游，来了兴致时，会突然鼓动双鳍拍击水面，有时猛地跃水腾空，飞离水面 1.5～2 米，拖着长尾滑翔。这个重约 2 吨的家伙，跃落海面时，那响声就像一颗重磅炸弹落海爆炸一样惊天动"海"，怪吓人的。

蝠鲼模样古怪，个头巨大，在海洋里见到它们的确令人恐惧。但是，实际上蝠鲼是个"老好人"，很温和，一般不主动伤人，是潜水员的好伙伴。

为什么蝠鲼喜欢跃水腾空，至今是个谜。可是，人们发现小蝠鲼会在妈妈表演腾空绝技时，被生产出来，掉落在海里。这真是一种奇特的生育方法。当蝠鲼冲入鱼群中捕食时，头前的两个头鳍会不停地向嘴的方向摆动，把食物迅速地拨进嘴里。

知识小链接

蝠鲼的繁殖

　　每年12月到第二年4月间是蝠鲼的繁殖季节。此时热带海域的水温在26℃～29℃，蝠鲼开始成群地出现在浅海区，通常是几只体型较小的雄性一起尾随体型稍大的雌性，游速比平时略快。经过20～30分钟的追逐后，雌蝠鲼逐渐放慢速度，雄蝠鲼则游到雌蝠鲼身下，并用胸鳍"爱抚"其身体。完成短暂的交配后，雄性则扬长而去，接下来第二个追求者会重演以上的过程。雌蝠鲼最多只接受两只雄蝠鲼的追求。1～2枚受精卵在雌蝠鲼体内发育，大约13个月后，小蝠鲼会直接从母体中产出，不久就能自由游动了。

"刺猬美人"——刺鲀

　　有位潜水员在我国西沙群岛的海域作业时，在珊瑚礁的一个岩洞里，发现一条色彩非常漂亮的鱼，他想要将这个"美丽天使"带回去，就用一只手捂住岩洞口，另一只手小心地伸进岩洞去抓它。可是他万万没有想到，这条鱼刚才还五彩缤纷，鳞片光滑，鱼肚子却在一瞬间鼓得像只气球，鳞片变成锋利的刺，像刺猬一般。潜水员刚使劲用手一捏，便痛得惊叫起来，那些坚硬锋利的刺，扎进了他的手掌。他赶紧浮出水面。鱼虽被捉住了，但他也付出了沉重代价，那鱼身上有毒的鳞刺让他整整发了3天烧。后来有人告诉他，这条鱼就是刺鲀。

　　刺鲀就是靠这种类似刺猬的本领，把海中的鲨鱼制服的。鲨鱼一旦把它吞进肚里，刺鲀肚皮就会急速膨胀起来，突然变成一只"刺猬"，那些覆盖着的骨刺，都一根根竖了起来。鲨鱼不得不痛苦地将它从肚里吐出来。因此许多凶猛的大鱼看到刺鲀，尽管垂涎三尺，也不敢张口咬，只能悻悻地摇尾避开。

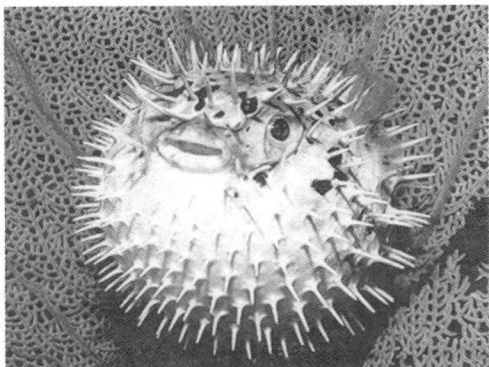

△ 刺 鲀

刺鲀主要生活在热带海洋浅海里，在我国南海很常见。刺鲀肝、血、生殖腺有毒，不能食用。但它们的色彩很迷人，是水族馆里十分逗人喜爱的鱼类，观赏价值很高。偶尔在外界的刺激下，它们会瞬间把刺张开，像一只只刺猬。

早在唐代开元年间，《草木拾遗》一书中就有记载，当时古人把刺鲀叫"鱼虎"，说它们"生南海，头如虎，背皮如猬有刺，着人如蚊咬"。

以美丽色彩著称的蝴蝶鱼

蝴蝶鱼又被称为奴鲷。这个家族的成员都爱打扮。很多成员在尾的前部生着一个黑色斑点，恰恰和头部的眼睛遥遥相对应，而眼睛又隐藏在另一个黑斑里。如果粗心一点，你一定会把它们的尾巴当成头呢。实际上，这种蝴蝶鱼平时在海中游泳，总是倒游，以尾巴向前游动，这是它们的一种保护性反应。它们在以尾向前游动时，敌害误认尾是头扑过来，此时它们便以真正的头部飞快游走，使敌人扑空，而自己得以逃生。

蝴蝶鱼以它们的美丽的色彩著称海洋世界。薄薄的身体，有的是卵圆形，有的是菱形，有的是椭圆形，有的是长方形，等等，它们总是披着色彩斑斓的外衣。丝蝴蝶鱼有深黄、浅黄的鳍和闪着淡绿色光条的鳞甲。长吻蝴蝶鱼戴着黑色帽子，有着白色的下巴，杏黄色的身体，长着透明的伞样尾巴。新月蝴蝶鱼，花纹更奇丽，眼睛总隐藏在黑斑里，背上有弯曲的镶着白边的条纹，这是它们被称为"新月"的由来，背鳍、尾鳍、臀鳍都是橙黄色的，带些黑色条纹，整个身体偏圆，像个橘黄的小月亮。因为这些鱼跟陆上的有些蝴蝶相似，因此人们称它们为"蝴蝶鱼"。

蝴蝶鱼生活在热带海洋里，穿行在珊瑚礁间。有的长着扁平的齿，当它们吃珊瑚虫时，这些牙齿就像小凿子一样，连珊瑚虫的骨骼也可以敲碎；有的长着尖尖的嘴，这大大有利于它们寻找那些躲在岩缝中的小甲壳动物。

蝴蝶鱼口小，前位略能向前伸出。两颌齿细长、尖锐，呈刚毛状或刷毛状，腭骨无齿。体侧扁而高，呈菱形或近于卵圆形。最大的蝴蝶菜鱼体长可超过30厘米，如细纹蝴蝶鱼。

蝴蝶鱼是近海暖水性小型珊瑚礁鱼类，身体侧扁适宜来回穿梭，它们能迅速而敏捷地消失在珊瑚丛或岩石缝隙里，适宜伸进珊瑚洞穴去捕捉无脊椎动物。

蝴蝶鱼生活在五光十色的珊瑚礁礁盘中，具有一系列适应环境的本领，其艳丽的体色可随周围环境的改变而改变。蝴蝶鱼的体表有大量色素细胞，在神经系统的控制下，可以展开或收缩，从而使体表呈现不同的色彩。通常一尾蝴蝶鱼改变一次体色要几分钟，而有的仅需几秒钟。据科学家估计，一丛珊瑚礁可以养育400种鱼类。在弱肉强食的复杂海洋环境中，蝴蝶鱼的变色与伪装，目的是使自己的体色与周围的环境相似，达到与周围的物体融为一体的地步，在亿万种生物的顽强竞争中，赢得自己生存的一席之地。

蝴蝶鱼产卵于沿岸浅水水底，早期需经2个阶段：羽状幼体阶段，即浮游生活阶段；纤长幼体阶段，即底栖生活阶段。羽状幼体形态特殊，在背鳍前方有一丝状或羽状附属物是其主要特征，早期发育过程中的这一阶段，在鱼类中，蝴蝶鱼是唯一的特例。

蝴蝶鱼胸鳍发达，从水面上看像一只蝴蝶。蝴蝶鱼捕食动作奇特，可跃出水面犹如海洋中的飞鱼。平时蝴蝶鱼顺水漂流，一旦有昆虫飞临，即使离水面数十厘米，也可跃出水面捕食。蝴蝶鱼雌雄辨别容易，从尾部看，雄鱼鳍膜较短，鳍条突出呈长须状，体色较深，而雌鱼有明显的不规则花纹。

蝴蝶鱼对爱情忠贞专一，它们好似鸳鸯，成双成对在珊瑚礁中游弋、戏耍，总是形影不离。当一尾进行摄食时，另一尾就在其周围警戒。

蝴蝶鱼的经济价值并不高，但它们却是水族馆里的主客，是观众瞩目的鱼类，尤其得到孩子们的喜爱。

会"织睡衣"的鱼——鹦鹉鱼

鹦鹉鱼鱼体长，头圆钝，体色鲜艳，鳞大。其腭齿硬化演变为鹦鹉嘴状，用以从珊瑚礁上刮食藻类和珊瑚的软质部分，牙齿坚硬，能够在珊瑚上留下显著的啄食痕迹，并能用咽部的板状齿磨碎食物及珊瑚碎块。这种鱼体长可达 1.2 米，重可达 20 千克。体色不一，同种中雌雄差异很大，成鱼和幼鱼之间差别也很大。鹦鹉鱼可以食用，但整个类群经济价值不大。

⬤ 鹦鹉鱼

带纹鹦鹉鱼是印度洋、太平洋地区的主要鹦鹉鱼，长 46 厘米，雄鱼有绿、橙两色或绿、红两色，雌鱼为蓝色和黄色相间。大西洋的种类有王后鹦鹉鱼，体长约 50 厘米，雄性体色为蓝，带有绿、红与橙色；而雌鱼呈淡红或紫色，有 1 条白色条纹。

鹦鹉鱼是生活在珊瑚礁中的热带鱼类。每当涨潮的时候，大大小小的鹦鹉鱼披着绿莹莹、黄灿灿的外衣，从珊瑚礁外斜坡的深水中游到浅水礁坪和潟湖中。鹦鹉鱼有特殊的消化系统。鹦鹉鱼用它们板齿状的喙将珊瑚虫连同它们的骨骼一同啃下来，再用咽喉齿磨碎珊瑚虫，然后吞入腹中。有营养的物质被消化吸收，珊瑚的碎屑被排出体外。鹦鹉鱼的咽喉齿不像牙齿一样尖利，而是演变为条石状，咽喉齿的上颌面上凸起，正好和下面的凹处相吻合。上、下颌上各生长着一行又一行的细密尖锐的小牙齿。小牙齿密密地排列形成了许多边缘锐利的板齿。每当一大群鹦鹉鱼游过，一条条珊瑚枝条的顶端就被切掉，露出斑斑白茬。

鹦鹉鱼在繁殖后代的时候，雄鱼先撒下精子。然后，雌鱼在精子的中央播撒卵子。这种繁殖方式只能使一部分卵受精。而受精卵之中只有很少的一部分能成为幸运儿。

古罗马和古希腊人特别看重这种鱼，把它们当做珍品，这并不是因为鹦鹉鱼长得漂亮，而是因其具有团结互助的精神。据研究这种鱼的学者发现，如果鹦鹉鱼一旦不幸碰上了针钩，在千钧一发之际，它的同伴会很快赶来帮忙。如果有鹦鹉鱼被渔网围住了，别的伙伴就会用牙齿咬住其尾巴，拼命地从缝隙中把它拉出来。因而，渔民很难捕获这种鱼。

有人说鹦鹉鱼有毒，可是有些人却说鹦鹉鱼没有毒。这到底是怎么回事呢？原来，鹦鹉鱼本身是没有毒的。只不过，鹦鹉鱼吃的食物有些是有毒的。鹦鹉鱼体内有分解消化毒素的器官，所以，鹦鹉鱼不会被这些毒素伤害。但是，如果人们捕获的鹦鹉鱼体内的毒素并没有完全被排除，那么鹦鹉鱼食物中的毒素就会转嫁给食用鹦鹉鱼的人类。所以，许多渔民都劝贪嘴的食客不要食用鹦鹉鱼。

鹦鹉鱼会织睡衣，它们织睡衣的方式像蚕吐丝做茧似的，从嘴里吐出白色的丝，利用它们的腹鳍和尾鳍的帮助，经过一两个小时织成囫囵的壳，这就是其睡衣。有时它们的睡衣织得太硬，早上睡醒后用嘴咬不开，便会被憋死在里面。

水陆两栖动物

丑陋、凶残、高智商的鳄鱼

马来西亚一带是鳄鱼繁殖、栖息的好地方，这里的鳄鱼被简称为马来鳄。印度洋孟加拉湾是世界上鳄鱼较多的地方，这里的鳄鱼吼叫起来的声音像是轰轰的雷声。

"鳄鱼的眼泪"被人用来比喻假慈悲。其实，它们是在用眼睛里的腺体排除体内多余的盐分，那眼泪是浓缩了的盐水。这样鳄鱼就不怕在海水里活动了。

鳄鱼的嘴令人生畏，一口尖利的锯齿般的牙齿，即使闭住嘴也还有一对露在唇外。2个鼻孔长在上颚的最前端。鳄鱼是用肺呼吸的，吸一口气闭住鼻孔可以潜入水底待很长的时间。鳄鱼的身躯是深褐黄色的，厚皮上覆着角质鳞。它们都有4条

▲ 马来鳄

粗壮的短腿，前肢长着5趾，后肢少1趾，每个趾上长着弯弯的趾爪。它们的身后都拖着一条笨重的尾巴，当鳄鱼在沼泽滩上爬行时，这条尾巴能灵活地左右摆动，支持着身躯向前滑去。

马来鳄身躯庞大，成年后身长6～7米，数百千克重，甚至超过1吨。它们是卵生爬行动物，生殖期间上岸产卵，每年约产卵10～90枚，孵化期为45～90天。鳄鱼皮可制革，其经济价值很大。

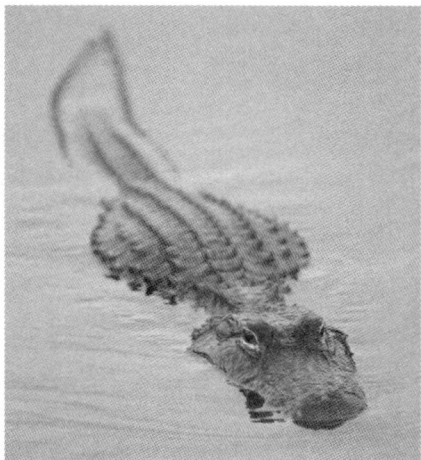

● 鳄　鱼

近些年来，因为鳄鱼的皮非常值钱，捕杀它们的人多了。这样一来全世界的鳄鱼数量大大减少，孟加拉湾周边的一些国家的马来鳄也濒临绝种。

在这种情况下，现在人们已做到了人工繁殖、饲养鳄鱼。

我国近些年也开始试办养殖场，并初步获得成功。

鳄鱼给人们的印象是"反面角色"，尤其是它们在水里那几个钟头不动的懒洋洋的样子，使很多人都以为它们是迟钝、懒惰的家伙。其实这是一种误会，实际上，鳄鱼在躯体庞大的水生爬行动物中，不仅游泳快，而且陆上行动也很敏捷、利落。尤其是夜间捕食，没有再比鳄鱼本领高超的了。软体动物、鱼类、鸟类，甚至沿岸大型牲畜都能被它们捕捉住。科学家对尼罗河鳄鱼的胃中物进行了专门研究，发现里面有大量行动迅速的小动物。

鳄鱼在生儿育女方面，也很尽心尽力，在繁殖季节，母鳄鱼会挖一个 30～40 厘米的土坑来产卵。在小鳄鱼出世前的 90 天里，母鳄鱼从不离开自己的卵，也不吃任何东西，从而避免外出活动，以降低被天敌发现卵

● 鳄鱼夫妻

的危险。

小鳄鱼一来到世间就大叫大喊，20米之外都能听到它们的声音。鳄鱼妈妈听到叫声，立即用前肢把土扒开，然后用嘴把刚刚从卵里钻出来的小东西，一只只地从岸边衔到水里。鳄鱼爸爸也不是旁观者，当小鳄鱼快要脱壳时，它们用嘴把即将破壳的卵衔起来，然后用上、下颚轻轻一挤，使小家伙能顺利脱壳。

小鳄鱼要长大，一般要由父母看管4～6个月。在此期间，只要察觉到小鳄鱼有危险，父母就会赶到它们身边，来护卫小宝宝的安全。

知识小链接

鳄鱼不是鱼

鳄鱼是迄今为止发现的、依旧活着的较原始爬行动物，是在三叠纪至白垩纪的中生代（约2亿年以前）由两栖类进化而来，延续至今仍是半水生、性凶猛的爬行动物。鳄鱼除少数生活在温带地区外，大多生活在热带亚热带地区的河流、湖泊和多水的沼泽，也有的生活在靠近海岸的浅滩中。鳄鱼不是鱼，属脊椎动物爬行纲，它们入水能游，登陆能爬，被称为"爬虫类之王"。它们以肺呼吸，由于体内氨基酸链的结构，使之供氧储氧能力较强，因而较长寿。

中生代残存下来的爬行动物——海鬣蜥

　　海鬣蜥生活在赤道附近的科隆群岛上。

　　秘鲁的寒流悄悄地进入科隆群岛，把赤道的酷暑吹散了，气候凉爽宜人，不像其他热带岛屿那样潮湿。在这一派热带丛林的风光里，栖息着许多奇奇怪怪的动物，海鬣蜥就是其中之一。

⬧ 海鬣蜥

因为它们生活在海边，常在海中寻食、游泳，所以叫它们海鬣蜥。海鬣蜥要比科摩多龙小，也是爬行类两栖动物，一般体长最长可长到 1.5 米以上，最重可长到 10 千克以上，占身子 2/3 的扁平长尾，是它们在海中游泳的桨。它们以海藻和岸边植物为食，平时多栖于岸边岩礁，或爬到树上度日、觅食，受到惊扰时方跳入水中。生殖时，海鬣蜥把卵产在潮线上挖好的卵坑里，卵坑深 30～80 厘米，卵在卵坑里自然孵化。

　　海鬣蜥从颈部至尾基部，披着柔软的皮质长针状棘刺，因成鬣状而得名。它们是中生代残存下来的爬行动物。

　　海鬣蜥有一种特殊的潜水循环反射本能。当它们潜入海中时，心跳速度自动减缓，全身血液循环速度降低，皮肤血管收缩，身体外层变凉，形成外界寒冷的水温与其体内温度的缓冲带。这样不仅降低了海鬣蜥潜水时对氧气的消耗，而且减少了热量的散失，从而使它们体内的温度保持恒定，以适应潜水活动的需要。

海鬣蜥头上的"小白帽"

海鬣蜥是世界上唯一能在海洋里生活的蜥蜴，头顶部有一瘤状突起，而且还带着一个"小白帽"。原来，在海鬣蜥的鼻孔与眼睛之间，有一个盐腺，能把海鬣蜥进食时带进的盐分贮存起来。当盐腺被装满后，海鬣蜥就高高地昂起头，打一个强劲的喷嚏，含盐的液体就射向空中，然后又会落在自己的头上，等盐液变干，固结成壳时，就成了一顶"小白帽"。

水下哺乳类动物

最凶猛的鲸类——抹香鲸

世界上体型较小的鲸，均为齿鲸类，它们都很凶猛；体型较大的鲸，则几乎都是须鲸，它们在海中依靠鲸须过滤捕食，性情较为温顺。但抹香鲸则例外，它们体型大而又属于齿鲸，在下颌有20～30对牙齿，是齿鲸类较庞大的一种鲸。

成熟的抹香鲸体长可长到30多米，体重可长到60余吨。地球上最大的鲸是蓝鲸，身躯相当于26～27只非洲大象。尽管抹香鲸比它们小，但也是海洋中的"巨人"。在海上要是偶尔看到它们，人们会觉得它们活像一方方巨大的、褶皱的原木漂在海上，只有当它们不停地喷水时，才觉得它们是个生物。但是它们一旦潜到水下，就会变得异常灵活、优雅、敏捷。

抹香鲸有强有力的牙齿，但它们不主要用于进食。在斯里兰卡附近海面，曾有人看到抹香鲸吃大乌贼都是囫囵吞下去的。有科学家认为抹香鲸很可能是用咔嗒声将猎物震晕，然后再吞下去的。

成年抹香鲸觅食的深度，是幼鲸所不能达到的。一般雌鲸轮流在海面照看它们的子女，它们一直将小鲸喂养到 2 岁能独立觅

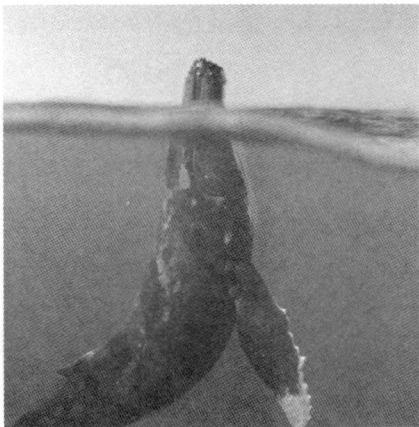

▲ 抹香鲸出水瞬间

食时为止。幼鲸在鲸群里一直待到 5 岁，然后雄鲸组织一个单身汉的鲸群。雌鲸或是入伙，或是继续留在"娘家"。

完全长成的雄鲸一年中大部分时间都在南北两极的海域周围转悠。只有交配季节才到热带逗留数日。而成年的雌鲸则倾向于在温暖水域里生儿育女，度过终生。

抹香鲸生育小鲸也很有意思。母鲸翻转身，将腹部朝水面，从生殖部位喷出一股血水和一团黑的东西，几秒钟后，一头小抹香鲸便出世了，它们鲸尾卷曲，鳍是弯的，浮动在妈妈身旁。

小鲸初生后，有几头成年鲸便聚过来围观这个小生命，它们把小鲸推推搡搡地夹在中间，甚至把它托出海面。所有这些都可看出成年鲸对小生命的关心。

抹香鲸最喜欢的食物，是一种体长 8～13 米、重 200～300 千克的大王乌贼。这种乌贼生活在深海中，抹香鲸要吃这种美味就得潜至千米以下的深海中去寻觅。一旦发现了大王乌贼，抹香鲸就用嘴死死咬住大王乌贼，用尽全力咬着它向海底礁石撞去，大王乌贼也

△ 大王乌贼

用那 10 条带有吸盘的大腕足紧紧缠住抹香鲸使之窒息。搏斗经常要持续几十分钟乃至数个小时，在鏖战过程中，它们东奔西窜，在海底翻滚，偶尔也会跃出水面，浪花四溅，宛如一座小山突然耸立海中。鏖战之后，抹香鲸虽可饱餐一顿，身上却留下了累累伤痕。

"仿海洋兽"——北极熊

北极熊生活和漫游于冰雪世界的北极海域，叫它们白熊是因为它们全身有白毛。北极熊只生活在北极，善于在海中游泳。北极熊觅食时，大部分时间在冰上度过，它们进入海洋时间短，是一种

△ 北极熊

"仿海洋兽"哺乳动物。北极熊在冰窟里捕鱼，在浮冰上猎海豹。别看它们身躯庞大，体型笨重，可看准猎物之后，既凶狠又灵活。

当秋天降临北极时，母熊便开始在小岛的海边雪堆中挖洞做窝，母熊藏身窝中下崽。洞口附近，堆着一堵雪墙来挡风雪，雪积多了，洞口几乎被堵严，这样洞里面较外界暖和。这是因为冷空气被雪墙和雪门隔绝，加上母熊身躯壮大，放出的热量使得窝内格外温暖，母熊在温暖的窝中生育熊崽。初生的熊崽只有老鼠那么大，身上的毛稀稀落落，整天整夜依偎在

母熊的怀中取暖，母熊依靠消耗体内储存的大量脂肪来哺育熊崽，并在窝内半醒半睡地度过冬天，到第二年的 3 月或 4 月前后才出洞觅食。

雄性北极熊是否冬眠呢？科学家经过长期研究观察发现，雄性北极熊是否要冬眠是由食物来决定的。北极熊要冬眠，不仅是为了防寒，而且是为了度过严寒冬季缺乏食物的困境。这是动物适应客观环境的一种本能。雄熊能找到食物，就不冬眠，找不到食物就要冬眠。

蛙、龟、蛇等动物是变温动物，体温随着外界温度下降而下降，其新陈代谢也随之缓慢，因而冬眠。但北极熊的冬眠是在秋天吃足食物后，钻进窝中进入半休眠状态，其体温并不下降，新陈代谢机能也不缓慢，只靠减少能量消耗，以此来度过食物奇缺的严冬。

北极熊为何如此能耐寒呢？科学家研究发现，秘密就在它们有很厚的皮下脂肪层和生有很难渗进冰水的毛，而这种毛形成的空气层，起着良好的保温作用。北极熊的耳朵和尾巴都很小，从身体表面散发的热量很少，所以北极熊的整个身体是适合于保存热量的。

◯ 游泳中的北极熊

依水独居的水獭

水獭是半水栖兽类，它们傍水而居，常独居，不成群。多居自然洞穴，常爱住僻静堤岸有岩石缝隙、大树老根的蜿蜒曲折、通陆通水的洞窟。有时也栖息在竹林、草灌丛中，一般有一定的生活区域。它们往往在一个水系内从主流到支流，或从下游到上游巡回地觅食，亦能翻山越岭到另一条溪

⬛ 水 獭

河，洪水淹洞或水中缺食时也常上陆觅食，滨海区的水獭尚有集群下海捕食的习惯。

它们昼伏夜出，以鱼类、鼠类、蛙类、蟹、水鸟等为主食。善于游泳和潜水，一次可在水下停留 2 分钟。捕起鱼来像猫捉老鼠一样快捷，捕食前常在水边的石块上俯视，一旦发现猎物，即迅速扑捕。聪明伶俐的水獭，经过半年训练，就可以成为一名为渔民效劳的捕鱼能手。

贪食聪明的海狮

海狮有 10 余种，体型最大的要算北海狮了。雄性北海狮体长近 4 米，体重可达 1 吨。雌兽较小，长约 2.5 米，重约 300 千克。成年的雄狮颈部周围生有长的鬣毛，其叫声也极像狮吼，因而有"海中狮王"之称。

北海狮虽然体大强悍，但有时胆小如鼠，在岸上活动时，哪怕是风吹草动，也会纷纷入海。睡眠时，它们也不放松警惕，总要有一两只站岗放哨，发现危险会立即发出信号，告知同伴赶紧逃跑。有人曾做过试验，把值班的海狮用麻醉箭射中，看看其他海狮会有什么反应。

▲ 北海狮

应。结果发现，值班海狮一倒下，周围其他海狮立即围了过来，其中一只嗅到那支麻醉箭的气味，会迅速地发出警报，吼叫起来，睡意正浓的整群海狮随之一哄而起，向海里逃去。

海狮这种警觉性是从哪里来的呢？简单说，是靠它们满脸的胡子与其听觉系统的综合作用。

海狮浓密的胡子基部，布满了纵横交错的神经，其复杂程度超过了像猫那样敏捷的陆生哺乳类动物。这些与神经密切相连的胡子，有很强的警觉作用，而且能感受声音。

人们都知道，海豚有精巧的回声定位系统，海狮也能通过声带部位向所处环境发射一系列声信号，然后收集目标反射回来的回声，以此对目标大小和形状获得一个精确的声印象。科学家做过试验，在8米左右的距离内，海狮能分辨出牛排和鱼不同的形象。反射音是靠什么监听的呢？就是它们的胡子。

海狮也是种很贪食的动物，它们主要吃乌贼和鱼类，而且食量惊人，性成熟的雄性海狮在人工饲养下，一天可吃40千克鱼，重3千克的鱼一口就能吞下。在自然海区里，它们每天的食量要比人工饲养时多 3～4 倍。特别是它们经常像一群闯入宴席的饥饿之徒钻入渔网中狂吃乱嚼，导致网具被毁坏，鱼被吞食一空。因此渔民称它们是"现代鱼贼"。据统计，从 1956 年至 1960 年的 4 年间，北海狮破坏的渔网资源，价值 3.3 亿美元。日本渔民把海狮视为渔业生产的大害。

海狮在生殖季节，要回故乡陆地繁殖，因此不惜千里迢迢，跨洋过海，奔向目的地。在它们大量集中的地方形成了繁殖场。

海狮是多配偶动物，一到生殖季节，年富力强的雄海狮首先赶到繁殖场，在岩石和礁上割疆而治。它们各自控制一个地盘，不准其他雄兽侵入，等待雌兽的到来。约 1 周之后，雌兽就陆续上岸了。这些到来的雌兽，一个个都大腹便便，成为即将临产的孕兽。原来它们还怀着上次交配后的胎儿。

孕兽们分别进入各雄兽的占领区后，形成了一头雄兽和若干雌兽自由结合的独立王国，即生殖群或多雌群。生殖群中雌兽的数目一般为 10～20 头，雄兽身体越大越强壮，占有雌兽头数越多。

海狮为什么要组成多雌群呢？这是因为它们在苍茫

⏶ 小海狮

的大海上各居一方，雌雄难得相见，为弥补其不足，提高妊娠率，就需要众多的海狮在繁殖期间都不约而同地返回诞生地，自择配偶。这才能使种族延续获得保障。

初生的小海狮身体被厚密的绒毛裹住，能睁眼、能活动，跟母兽待在一起。母兽要挪动位置时，就像老猫叼小猫一样，把小海狮衔在口里带走。

雌海狮产后约5周即下海觅食，每隔2～3天回来一次，有时还长达9天才返回。也许有人会问：生殖场成百上千只小海狮，母狮怎么认出自己的子女呢？据科学家观察，当母狮上陆后，先是连声高叫，小海狮听到这亲切的呼唤也立即应声回答，并急切地朝母海狮方向加快了脚步。此时尽管生殖场叫声此起彼伏、熙熙攘攘，但海狮母子对于彼此的声音很熟悉，便能辨别得一清二楚。它们互相靠继续交流信号外，再辅以嗅觉，把鼻子伸到对方身上闻气味，犹如母子久别重逢。

北冰洋的生物——海象

海象多分布在北冰洋，它们那圆柱状的身体，肥大粗壮，大者体长4米多。海象的体重可长到2000多千克。它们的皮厚而多褶皱，全身披着短而稀疏的刚毛，体色棕灰，尾巴很短。海象的头小，眼小，视力很差，终日用它们那突出嘴外的长牙翻开海底泥沙掘食贝类。它们的食量相当大，人们曾在一头海象的胃里，发现了50千克还没有消化的食物。海象的长齿不仅是挖掘食物的工具，也是御敌和进行攻击的锐利武器。在缺乏食物的海区，饥饿的海象就用这对长而尖利的牙齿捕食海豹和一

⬙ 海 象

153

角鲸来填饱自己的肚子。

　　南海象是海象的一种，生活在南半球。南极半岛是大量南海象交配、产仔和换毛的地方。它们的躯体硕大，雄的体长5~6米，重约3000千克；雌的体长3米左右，重约900千克。这种食肉哺乳类动物，主要以小鲨鱼、乌贼等为食，一生的大部分时间生活在海水中，只是在繁殖和换毛时期才移动到海岛或冰块上来。